New Media 新媒体·新传播·新运营 系列丛书

Premiere

短视频制作 全彩慕课版

陈紫旭 谭春林 / 主编　　周佳 李嫦英 / 副主编

人民邮电出版社

北京

图书在版编目（CIP）数据

Premiere 短视频制作：全彩慕课版 / 陈紫旭，谭
春林主编. -- 北京：人民邮电出版社，2021.10
（新媒体·新传播·新运营系列丛书）
ISBN 978-7-115-57199-1

Ⅰ.①P… Ⅱ.①陈… ②谭… Ⅲ.①视频制作 Ⅳ.
①TN948.4

中国版本图书馆CIP数据核字(2021)第171879号

内 容 提 要

本书立足于行业应用，以应用为主线，以技能为核心，从短视频剪辑的节奏把控到工作内容的描述，从短视频剪辑的基本操作到技巧性剪辑，从转场特效制作到调色与音频处理，从特效制作到字幕制作，系统而深入地介绍了短视频后期制作的流程与方法，帮助读者快速掌握各种实操技能与关键技法。

本书内容新颖，案例丰富，既适合有意从事短视频创作工作或对短视频制作感兴趣的新手学习，也适合拥有一定短视频创作经验，想要进一步提升短视频创作技能的从业人员阅读，还可作为本科院校、职业院校相关专业的教学用书。

◆ 主　　编　陈紫旭　谭春林
　　副主编　周　佳　李嫦英
　　责任编辑　连震月
　　责任印制　王　郁　焦志炜

◆ 人民邮电出版社出版发行　　北京市丰台区成寿寺路 11 号
　　邮编　100164　　电子邮件　315@ptpress.com.cn
　　网址　https://www.ptpress.com.cn
　　北京捷迅佳彩印刷有限公司印刷

◆ 开本：700×1000　1/16
　　印张：14.5　　　　　　　　　2021 年 10 月第 1 版
　　字数：323 千字　　　　　　　2025 年 2 月北京第 7 次印刷

定价：69.80 元

读者服务热线：(010)81055256　印装质量热线：(010)81055316
反盗版热线：(010)81055315

前言
Preface

在新媒体时代，短视频以其独特的优势和非凡的魅力，有机地将社交、移动网络和碎片化的信息集聚于一身，燃爆了整个互联网领域，站上了行业风口，成为抢占移动互联网流量的重要入口。随着短视频的流行及高营销效率，越来越多的创作人才进入短视频内容制作市场，从而提高了短视频的整体质量与吸引力。

要想创作出令人惊艳的短视频作品，除了掌控好前期拍摄过程中的景别、拍摄角度、构图、光线、构图、运镜等之外，后期剪辑的作用绝对不容忽视。因为前期拍摄的视频只是一些零散或分离的素材，只有经过后期对拍摄的视频素材进行剪辑，并添加音乐、文字、特效等，才能形成情节与节奏，更加鲜明地体现短视频的主题，给用户带来强烈的视觉冲击力，吸引用户的眼球。

在短视频制作领域，有很多移动端视频剪辑工具，如剪映、快影、乐秀、巧影、VUE等，但PC端的视频剪辑工具软件相对来说更专业，功能也更强大，可以实现很多移动端视频剪辑工具无法实现的功能。另外，手机等移动端由于屏幕大小的局限，有时对一些细节处理不太便于操作，而PC端的大屏幕更容易进行精准操作。

在PC端短视频后期制作中，比较常用的专业工具软件是Premiere和After Effects。Premiere是一款重量级的非线性视频编辑处理软件，因其强大的视频编辑处理功能而备受用户的青睐。它为用户提供了素材采集、剪辑、调色、音频美化、字幕添加、输出等一整套流程，编辑方式简便且实用，被广泛应用于影视后期制作、电视节目制作、自媒体视频制作、广告制作、视觉创意等领域。Premiere可以与Adobe公司旗下的多款软件，如Photoshop、Illustrator、After Effects、Audition等无缝结合，极大地简化了工作流程，并提高了工作效率。

After Effects是一款擅长特效合成的视频软件，主要用于创建动态图形和视觉特效，是当前视频特效制作的一个标配工具。Premiere和After Effects可以说是PC端短视频后期制作的黄金搭档。

本书以Premiere和After Effects为剪辑特效制作工具，深入浅出地介绍了短视频制作的流程与方法。全书共分为9章，主要内容包括初识短视频剪辑，Premiere短视频剪辑快速上手，短视频技巧性剪辑，制作短视频转场特效，短视频调色，短视频音频剪辑与调整，使用After Effects制作短视频特效，短视频字幕的添加与编辑，以及短视频剪辑综合实训案例等。同时，本书引领读者从二十大精神中汲取砥砺奋进力量，并学以致用，以理论联系实际，推动新媒体行业高质量发展。

本书主要具有以下特色。

前言
Preface

● 强化应用、注重技能：本书立足于实际应用，突出"以应用为主线，以技能为核心"的编写特点，体现了"导教相融、学做合一"的教学思想。

● 案例主导、学以致用：本书囊括了大量培养短视频后期制作技能的典型案例，并详细介绍了案例的操作过程，使读者通过案例演练真正达到一学即会、举一反三的学习效果。

● 图解教学、资源丰富：本书采用图解教学的体例形式，以图析文，读者能够在实操过程中更直观、更清晰地掌握短视频制作的流程、方法与技巧。同时，本书还提供了丰富的慕课视频、PPT、教案、教学大纲、案例素材等立体化的配套资源。选书老师可以登录人邮教育社区（www.ryjiaoyu.com）下载并获取相关教学资源，扫描封面二维码，即可随时随地观看慕课视频。

● 全彩印刷、品相精美：为了让读者更清晰、更直观地观察短视频制作的过程和效果，本书采用全彩印刷，版式精美，让读者在赏心悦目的阅读体验中快速掌握短视频后期制作的各种技能。

本书由陈紫旭、谭春林担任主编，由周佳、李嫱英担任副主编。尽管我们在编写过程中力求准确、完善，但书中难免有疏漏与不足之处，恳请广大读者批评指正。

编 者
2023年7月

目录
Contents

目录
Contents

目录
Contents

目录
Contents

第7章 使用After Effects 制作短视频特效 … 146

第8章 短视频字幕的添加 与编辑 … 169

目录
Contents

目录 Contents

第1章
初识短视频剪辑

  在新媒体时代，由于短视频具有更灵活的观看场景、更高的信息密度、更强的传播和社交属性、更低的观看门槛，所以其娱乐价值与营销价值得到人们的广泛认可。短视频的创作不仅包括前期拍摄，还包括后期剪辑。只有经过合理的剪辑处理，才能制作出高质量、高水平的短视频作品。

学习目标

- 了解短视频的特点和类型。
- 掌握短视频剪辑的节奏。
- 掌握短视频剪辑的工作内容。

1.1 短视频的特点与类型

随着移动互联网的普及，人们的网络行为习惯已经发生了变化，呈现出时间碎片化和社交媒介化的特点，喜欢看即时性、短小精悍的信息，这正好与短视频的特点相契合。如今，短视频已经成为巨大的流量入口，人们拍摄短视频的热情也逐渐高涨。在制作短视频之前，创作者首先要了解短视频的特点和类型。

↘ 1.1.1 短视频的特点

与传统视频相比，短视频具有以下特点。

1. 短小精悍，内容丰富

短视频的时长一般在15秒到5分钟，内容短小精悍，注重在前几秒就抓住用户的注意力，所以节奏很快，内容紧凑、充实，方便用户直观地接收信息，符合碎片化时代的用户习惯。另外，短视频的内容题材丰富多样，有知识科普、幽默搞笑、时尚潮流、社会热点、广告创意、商业推广、街头采访、历史文化等题材，整体上以娱乐性见长。

2. 制作简单，形式多元

不同于电视等传统视频广告制作和推广费用的高昂，短视频在制作、上传和推广等方面有很强的便利性，门槛和成本较低。用户可以使用短视频制作充满个性和创造力的作品，以此来表达个人想法和创意，作品呈现出多元化的表现形式。例如，运用比较动感的转场和节奏，或者加入幽默搞笑的内容，或者进行解说和评论等，让短视频变得更加新颖，极具个性化。

3. 传播迅速，交互性强

短视频不只是微型的视频，它带有社交元素，表现的是一种信息传递的新方式。用户在制作完成短视频以后，可以将短视频实时分享到社交平台，参与热门话题讨论，补充话题讨论的形式。短视频的发布提高了用户在社交网络上的参与感和互动感，满足了用户的社交需求，所以很容易实现裂变式传播，增加短视频传播的力度，扩大短视频传播的范围。

4. 精准营销，高效销售

短视频具有指向性优势，可以帮助企业准确地找到目标用户，从而实现精准营销。短视频平台通常会设置搜索框，对搜索引擎进行优化，目标用户在短视频平台搜索关键词，这会让短视频营销更加精准。

同时，短视频在用于营销时，内容要丰富多样、价值高、观赏性强，只有符合这些标准，才能在最大程度上激发用户的兴趣，使用户产生购物的欲望。

另外，创作者可以在短视频中添加商品链接，用户可以一边观看短视频，一边购买想要的商品，商品链接一般放置在短视频播放界面的下方，用户可以实现一键购买。

↘ 1.1.2 短视频的类型

根据短视频内容的不同，短视频可以分为搞笑类、美食类、美妆类、治愈类、知识类、生活类、才艺类、文化类等。

1. 搞笑类

搞笑类短视频迎合了当下大众的心理需求，因为每个人都想开心，人们观看短视频大多数也是为了放松心情。当人们从短视频中发现有趣的内容时，就会发自内心地欢笑。碎片化的搞笑内容满足了人们休闲娱乐、放松身心的需求，所以这类内容是短视频市场中的主要内容类型之一，如图1-1所示。

2. 美食类

"民以食为天"，"吃"在人们的生活中占据了非常重要的位置。美食承载了人们丰富的情感，如对家乡的眷恋、对亲情的记忆、对幸福的感受等，所以美食类短视频不仅能让人身心愉悦，还会让人产生情感共鸣。我国拥有丰富的菜系和数不清的民间传统美食小吃，美食类短视频可以通过制作美食、探店或展示美食等形式为用户带来让人赞叹不绝的饕餮盛宴，如图1-2所示。

图1-1 搞笑类短视频

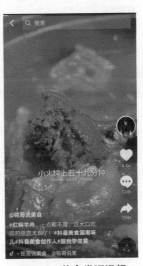

图1-2 美食类短视频

3. 美妆类

美妆类短视频的主要目标受众是追求美、向往美的女性用户，她们观看短视频的目的是学习一些化妆技巧，发现好用的美妆产品。美妆类短视频主要有"种草"测评、"好物"推荐、妆容教学等。在这些短视频中，出镜人物尤为关键，她们要以真实的人设为产品背书，还要在用户心中营造信任感，同时要具备独特的性格特质和人格魅力，如图1-3所示。

4. 治愈类

萌系宠物、亲子日常等治愈类短视频十分受大众欢迎。对于有孩子、有宠物的用户来说，这类短视频会让他们产生亲切感和情感共鸣；而对于没有孩子和宠物的用户来说，这类短视频可以给他们提供"云养猫""云养娃"的机会，他们从可爱的孩子、宠物身上唤起心底的温柔，从而放松心情，缓解疲惫，如图1-4所示。

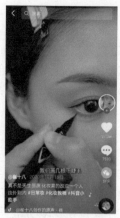

图1-3　美妆类短视频

图1-4　治愈类短视频

5．知识类

如今，知识类短视频逐渐成为各大短视频平台争夺的资源，知乎、哔哩哔哩、西瓜视频都对知识类创作者投入资源进行扶持。对于用户来说，知识类短视频不失为一种获取知识的好方法，有的用户把它作为某一领域补充学习的参考，有的用户把它作为获取知识的主要渠道之一，还有的用户把它作为在某个领域学习入门的方式。

知识类短视频门槛较高，需要创作者有一定的知识储备。创作者在写文案前要充分查阅相关资料，不能为了赚取流量而输出伪科学的内容，如图1-5所示。

6．生活类

生活类短视频的内容主要分为两种：一种是生活技巧，主要展示如何解决生活中遇到的各种问题，这种内容的短视频要以实际的操作过程为拍摄对象，可以让用户跟着镜头实际操作，最终将困难克服。另一种是Vlog，主要展示个人的生活风采或生活见闻。一方面满足了用户探究别人的生活的好奇心，另一方面也开拓了用户的眼界，如图1-6所示。

图1-5　知识类短视频

图1-6　生活类短视频

7．才艺类

网络上有很多具有特殊才艺的人，他们身怀绝技，拥有很多才艺，能够吸引用户的注意力，满足用户的好奇心。才艺包括唱歌、跳舞、魔术、乐器演奏、相声表演、脱口秀、书法、口技、手工等。要想让用户赞叹和佩服，创作者就要做到专业，要么让用户觉得从来没有见过，要么让用户觉得自己根本做不到，满足其中任意一点就能获得用户的点赞与支持，如图1-7所示。

8．文化类

优秀的传统文化一直备受人们的推崇，所以很多短视频创作者纷纷跟上这种潮流，让传统文化以崭新的面貌展示在人们面前。在短视频的传统文化类别中，比较常见的是书画、戏曲、传统工艺、武术、民乐等，如图1-8所示。

图1-7　才艺类短视频

图1-8　文化类短视频

1.2　认识短视频剪辑

短视频的创作流程包括产生创意、撰写文案脚本、拍摄视频、后期剪辑和输出成片。其中拍摄视频是产生作品素材的重要步骤，但它并不能使短视频创作一蹴而就。拍摄完成后，还要经过后期剪辑来对短视频进行精简、重组与润色，从而形成完整的短视频作品。

1.2.1　什么是短视频剪辑

短视频剪辑是短视频制作中的一个关键环节，它不只是把某个视频素材剪成多个，更重要的是把这些片段更完美地整合在一起，更加准确地突出短视频的主题，使短视频结构严谨、风格鲜明。短视频剪辑在一定程度上决定着短视频作品的质量优劣，是短视频内容的再次升华，可以影响短视频的叙事、节奏与情绪。

短视频剪辑的"剪"和"辑"是相辅相成的，两者不可分离。短视频剪辑的本质是通过短视频中主体动作的分解组合来完成蒙太奇形象的塑造，以传达故事情节，完成内容叙述。

蒙太奇源自法语Montage，意为"剪接"，是电影导演的重要表现方法之一。在短视频领域，蒙太奇是指对短视频的画面或声音进行组接，用于叙事、创造节奏、营造氛围、刻画情绪等。蒙太奇又分为叙事蒙太奇和表现蒙太奇，其中叙事蒙太奇又分为连续蒙太奇、平行蒙太奇、交叉蒙太奇、重复蒙太奇等，表现蒙太奇又分为对比蒙太奇、隐喻蒙太奇、心理蒙太奇、抒情蒙太奇等。

↘ 1.2.2 短视频剪辑的节奏

短视频剪辑的节奏对短视频作品的叙事方式和视觉感受有着重要的影响，它可以推动短视频的情节发展。目前，比较常见的短视频剪辑节奏分为以下5种。

1. 静接静

静接静是指一个动作结束时，另一个动作以静止的形式切入。也就是说，上一帧结束在静止的画面上，下一帧开始于静止的画面。

静接静还包括场景转换和镜头组接等，注重镜头的连贯性。例如，甲听到乙在背后叫他，甲转身观望，下一镜头如果乙原地站着不动，镜头就应在甲看的姿态稳定以后转换，这样才不会破坏这一情节的外部节奏。

2. 动接动

动接动是指在镜头运动中通过推、拉、移等动作进行主体物的切换，按照相近的方向或速度进行镜头组接，以产生动感效果。例如，上一个镜头是行进中的火车，下一个镜头如果接沿路的景物，就要组接与火车车速一致的运动景物的镜头，这样才符合用户的视觉心理要求。

3. 静接动或动接静

静接动是指动感微弱的镜头与动感明显的镜头进行组接，可以在节奏和视觉上产生强烈的推动感。如果是剧情类视频，这种组接方式可以推动剧情，一般在前面的静止画面中蕴藏着强烈的内在情绪。

动接静与静接动正好相反，可以产生抑扬顿挫的画面感。这种动静明显对比是对情绪和节奏的变格处理，可以造成前后两个镜头在情绪和气氛上的强烈对比。

4. 分剪

分剪是指将一个镜头剪开，分成多个部分，这样不仅可以弥补前期拍摄素材不足的问题，还可以剪掉画面中卡顿、忘词等要废弃的镜头，增强画面的节奏感。

分剪有时是有意重复使用某一镜头，以表现某一人物的情思和追忆；有时是为了强调某一画面所特有的象征性含义，以发人深思；有时是为了首尾呼应，在艺术结构上给人以严谨、完整的感觉。

5. 拼剪

拼剪是指将同一个镜头重复拼接，一般用于镜头不够长或缺失素材时，这样做可以弥补前期拍摄的不足，具有延长镜头时间、酝酿用户情绪的作用。

1.3 短视频剪辑的工作内容

要想制作出优质的短视频作品，短视频剪辑是必不可少的一个环节。短视频剪辑不是一步到位的，需要经过多个环节，承担着大量的工作。短视频剪辑的工作内容大致包括以下环节：整理视频素材、视频粗剪、视频精剪、制作镜头转场效果、添加音乐和音效、视频调色、添加字幕、制作片头和片尾、制作短视频封面，以及输出短视频。

1.3.1　整理视频素材

将前期的视频素材进行整理对后期剪辑会有很大的帮助。通常前期拍摄人员会分段进行拍摄，拍摄完成后会把所有素材浏览一遍，熟悉拍摄的内容，对每个视频素材都有一个大概的印象，然后留下可用的素材文件，整理之后添加标记，以便于二次查找。剪辑人员可以按照脚本、景别、角色等对素材进行分类排序，将同属性的素材文件放在一起。整齐有序的素材文件可以提高剪辑效率和作品质量，凸显剪辑人员的专业性。

1.3.2　视频粗剪

视频粗剪又称视频初剪，是指将整理后的视频素材按照脚本进行归纳、拼接，裁减掉无用的部分，挑选出内容合适、完成度较高的片段，并按照短视频的中心思想、叙事逻辑逐步剪辑，从而粗略剪辑成一个无配乐、旁白、特效的视频初样。剪辑人员可以拿这个初样作为作品雏形，逐步完善整个短视频作品。

1.3.3　视频精剪

视频精剪是短视频剪辑中最重要的一道剪辑工序，是在视频粗剪的基础上进行的剪辑操作。剪辑人员要对粗剪的视频仔细分析、反复观看，并精心调整相关画面，包括剪接点的选择、画面的长度处理、短视频节奏的把控、被摄主体形象的塑造等，这些工作往往会花费大量的时间，是决定短视频作品质量的关键步骤。

1.3.4　制作镜头转场效果

短视频中的转场镜头非常重要，起着划分层次、连接场景、转换时空、承上启下的作用。合理地利用转场镜头不仅可以满足用户的视觉心理，保证其视觉的连贯性，还可以产生明确的段落变化和层次分明的效果。常用的短视频镜头转场方式有以下几种。

1. 切换

切换是短视频制作中运用得最多的一种基本的镜头转换方式，也是常用的剪辑组接技巧，是内容衔接的重要途径。在切换镜头时，剪辑人员要找好镜头之间的剪接点，符合镜头组接原则。

2. 运动转场

运动转场是借助人物、动物或交通工具等作为场景或时空转换的手段。这种转场方式大多强调前后段落的内在关联性，可以通过拍摄设备的运动来完成地点的转换，也可通过前后镜头中人物、动物、交通工具等动作的相似性来转换场景。

3. 相似关联物转场

相似关联物转场是指前后镜头具有相同或相似的被摄主体形象，或者形状相近、位置重合，或者在运动方向、速度、色彩等方面具有相似性，剪辑人员可以通过这种转场镜头使短视频达到视觉连续、转场顺畅的效果。

4. 特写转场

不管前一个镜头展现的是什么，后一个镜头都可以组接特写镜头，强调画面细节，对局部进行突出强调和放大，展现一种在平时肉眼看不到的景别，也称"万能镜头""视觉的重音"。特写转场可以暂时集中用户的注意力，从而在一定程度上弱化时空或段落转换过程中用户的视觉跳动。

5. 空镜头转场

空镜头转场是利用景物镜头来过渡，实现间隔转场。例如，用群山、乡村全景、田野、广阔的天空等镜头转场可以展示不同的地理环境、景物风貌，表现时间和季节的变化，并为情绪表达提供空间，同时可以使高潮情绪得以缓和或平息，从而转入下一段落。

6. 主观镜头转场

主观镜头是指与画面中人物视觉方向相同的镜头。利用主观镜头转场，就是按照前后镜头间的逻辑关系来处理镜头转换问题，可用于大时空的转换。例如，前一个镜头中人物抬头凝望，后一个镜头就是仰拍的场景，可以是完全不同的事物和人物，如高耸的建筑、空中的飞机、天上的月亮等，再后一个镜头可以是其他仰视的人物，如远在千里之外的亲人等。

7. 声音转场

声音转场是指用音乐、音响、解说词、对白等与画面的配合实现转场。声音转场主要有以下几种方式。

（1）利用声音过渡的和谐性自然转换到后一个段落，主要方式是声音的延续、声音的提前进入、前后段落声音相似部分的叠化，可以起到弱化画面转换、段落变化时视觉跳动的作用。

（2）利用声音的呼应关系实现时空的大幅度转换。

（3）利用前后声音的反差加大段落间隔，增强节奏性，表现为声音突然戛然而止，镜头转换到后一个段落，或者后一个段落的声音突然增大，利用声音的吸引力促使用户关注后一个段落。

8. 遮挡镜头转场

遮挡镜头又称挡黑镜头，是指镜头被画面内的某个形象暂时挡住。根据遮挡方式的不同，遮挡镜头转场又可分为以下两种情形。

（1）被摄主体迎面而来遮挡镜头，形成暂时的黑色画面。例如，上一个镜头在甲地点的被摄主体迎面而来遮挡镜头，下一个镜头被摄主体背朝镜头而去，已到达乙处。被摄主体遮挡镜头通常能够在视觉上给观众以较强的视觉冲击，同时制造视觉悬念，加快短视频的叙事节奏。

（2）画面内的前景暂时挡住画面内的其他形象，成为覆盖画面的唯一形象。例如，拍摄街道时，前景闪过的汽车会在某一时刻挡住其他形象。当画面形象被遮挡时，一般都可以作为镜头切换点，通常是为了表示时间、地点的变化。

↘ 1.3.5 添加音乐和音效

在后期剪辑过程中，剪辑人员要选择与短视频内容相匹配的音乐和音效，这样更容易调动用户的情绪。在添加音乐和音效时，剪辑人员要遵循以下原则。

1. 符合短视频的风格

不同类型的短视频体现的主题和想要传达的情感是有很大不同的，因此剪辑人员在选择音乐和音效时要选择与视频内容的风格、调性相一致的音乐和音效。例如，如果是时尚潮流类型的短视频，就要选择流行和快节奏的音乐；如果是育儿和家庭生活类型的短视频，最好选择轻音乐作为背景音乐。

2. 音乐节奏要与画面节奏相匹配

大部分短视频的节奏和情绪是由音乐和音效带动的，所以视频画面的节奏与音乐和音效的节奏匹配度越高，短视频整体上看起来就越和谐，越有代入感。因此，剪辑人员在为短视频添加音乐和音效之前，要对短视频的整体节奏有一个准确的把握，明确短视频的高潮、转折点在哪里，知道在哪里切入音乐和音效，哪里只需要视频原声。同时，剪辑人员还要熟悉音乐和音效的节奏，将音乐和音效与视频内容对应起来，使两者在节奏上互相配合。

3. 避免音乐和音效喧宾夺主

音乐和音效是为短视频内容服务的，所以绝不能喧宾夺主，抢掉短视频内容的风头，而应与短视频的内容融为一体，对短视频起到画龙点睛的作用，使短视频作品变得更加饱满，主题更加突出，更能积极调动用户的情绪，使用户沉浸其中。

↘ 1.3.6　视频调色

在短视频的表达语言中，画面是最重要的基本要素。创作者要想把短视频内容表现得细致、到位，画面的色调、构图、曝光和视角等细节就要精细安排。由此可见，短视频的调色至关重要。

在前期拍摄过程中，画面是以中性的标准基色为主。前期拍摄时，拍摄者主要控制画面的曝光、白平衡、构图、视角、运动等基本指标，对于色调往往不会进行调整。这是因为不同的画面素材在后期可能会用在不同的场景和气氛中，前期不能判断后期处理的所有要求和操作，所以前期更重要的是把握好构图、曝光等后期很难处理的环节，而色调只要提供准确的白平衡即可。

前期素材拍摄完毕后，进入后期剪辑步骤，剪辑人员会按照短视频创作者的意图，根据内容风格确定色调风格，对前期素材进行一级和二级校色，从而唤起用户的观赏情绪，甚至改变短视频的风格。

↘ 1.3.7　添加字幕

添加字幕不仅可以帮助用户节省时间，使用户更好地理解短视频要表达的意思，还可以强化内容传播的感受力，给用户更好的观看体验。如果不为短视频添加字幕，就会影响用户理解短视频内容，用户很有可能立刻划走，从而降低短视频作品的完播率。

在添加字幕时，剪辑人员要使用合适的字体，并把字幕调到合适的位置，不要遮挡画面主要内容。为了提升短视频的画面效果，剪辑人员可以利用Premiere等工具制作字幕特效，如打字机效果、镂空文字效果、信号干扰标题文字效果等。

↘ 1.3.8　制作片头和片尾

短视频的片头一般拥有极具感染力的画面效果，短短几秒就可以完美展现短视频的风格，能够起到快速吸引用户眼球的作用。固定的片头经过多次曝光，片头的品牌标志（Logo）会逐渐深入用户心中，从而强化知识产权（Intellectual Property，IP）在用户心中的印象。因此，剪辑人员要在短视频开头添加精彩的片头，并要注意保持与竞争者的显著差异。

短视频片尾也可以起到加强用户印象的作用。剪辑人员在片尾添加品牌Logo或重要信息，可以传播品牌，提升品牌认知度，增加短视频的关注量和流量。片尾尽量不要放过多的信息，不要过于凌乱，可以采用强调色彩，以便于快速抓住用户的眼球，加深印象，也可以用动感物体引导用户在画面上看到重要信息。

↘ 1.3.9　制作短视频封面

短视频封面对于账号流量的吸取有着非常重要的帮助，封面的优劣会直接影响短视频的推荐和播放量。当用户点击进入主页后，一个亮眼的短视频封面可以吸引用户"驻足"点击观看，也能提高用户对账号的整体印象。

在制作短视频封面时，剪辑人员要遵循以下原则。

1. 封面要清晰

短视频封面要足够清晰，不能模糊不清。如果封面太模糊或很昏暗，就很难传递信息，更不会让用户产生点击观看的欲望，短视频封面也就失去了意义。

2. 封面要与标题密切相关

短视频封面不能是随意的一张视频截图，而要与标题具有直接的相关性，能够突出重点。例如，如果短视频封面以人物为主，就要突出人物的表情和情绪。如果剪辑人员乱加封面，很容易让用户对短视频内容判断模糊，从而造成用户流失。

3. 封面层次分明

剪辑人员在制作短视频封面时，要做到层次分明，视频中的主要画面与标题同样重要，主要画面不要盖住标题，标题也不要遮挡主要画面，两者要做到互不干涉，各自发挥作用。

4. 突出视频重点

在短视频封面中，要突出视频重点，不要出现过多的人和事物，不要误以为"人和事物越多，信息量就越大"。要想突出重点，封面中在有全身人物形象出现时，人物要尽可能处于中间比较醒目的位置，文字也是如此，要让用户快速找到重点。

↘ 1.3.10　输出短视频

在短视频剪辑软件中剪辑成片以后，短视频作品在保存并转存为特定的格式之后，就可以发布到相应的短视频平台上。目前，主流的短视频平台有抖音、快手、哔哩哔哩、好看视频、西瓜视频、微信视频号等，而自媒体平台如微信公众号、微博、小红书等也支持发布短视频。

为了增加短视频的知名度和收益，创作者可以选择多平台发布，但在不同的平台上发布短视频时可能需要对短视频进行适当的调整，以符合平台规则和调性，这样有利于增加短视频的流量。

课后习题

1. 简述短视频的特点。
2. 简述视频粗剪与视频精剪的工作内容。
3. 短视频剪辑的节奏分为哪几种？
4. 简述常用的短视频镜头转场方式。

第 2 章
Premiere短视频剪辑快速上手

Premiere作为一款流行的非线性视频编辑处理软件，在短视频后期
制作领域也是应用得非常广泛的工具。它拥有强大的视频编辑能力和灵活
性，易学且高效，可以充分发挥使用者的创造能力和创作自由度。本章将
介绍Premiere短视频剪辑入门知识，其中包括Premiere短视频剪辑基本
操作与短视频版面设置。

学习目标

- 熟悉Premiere工作区的使用方法。
- 掌握导入与整理素材、创建序列、粗剪与精剪视频的方法。
- 掌握导出视频、升格和降格视频、运用效果控件的方法。
- 掌握制作竖屏视频、电影遮幅效果、画中画效果的方法。
- 掌握制作分屏多画面效果和添加短视频封面的方法。

2.1 Premiere短视频剪辑的基本操作

下面将介绍使用Premiere剪辑短视频的基本操作，包括认识Premiere工作区、素材的导入、素材的整理、创建序列、视频快速粗剪、视频的精剪、视频的导出、视频的升格和降格、效果控件的运用，以及绿幕视频抠像等。

2.1.1 认识Premiere工作区

熟悉Premiere工作区的使用方法是学习视频剪辑的必经之路，有助于在剪辑过程中提高工作效率。下面将介绍如何在Premiere中新建项目，以及Premiere工作区常用面板的功能。

1. 新建项目

使用Premiere编辑短视频要先创建一个项目文件，项目文件用于保存序列和资源有关的信息。

在Premiere中新建项目的具体操作方法：启动Premiere Pro CC 2019，单击"文件"｜"新建"｜"项目"命令或按【Ctrl+Alt+N】组合键，打开"新建项目"对话框，如图2-1所示。在"名称"文本框中为项目命名，然后单击"位置"右侧的"浏览"按钮，设置项目文件的保存位置，单击"确定"按钮，系统将新建一个项目文件，并在标题栏中显示文件的路径和名称，如图2-2所示。若要关闭项目文件，可以单击"文件"｜"关闭项目"命令或按【Ctrl+Shift+W】组合键。

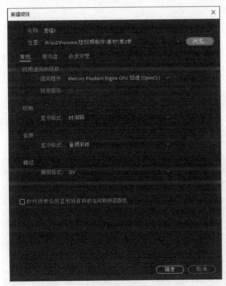

图2-1 "新建项目"对话框

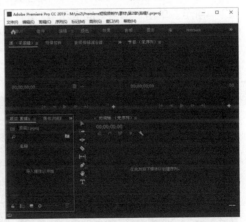

图2-2 新项目窗口

2. 认识工作区

Premiere程序提供了多种工作区布局，包括"组件""编辑""颜色""效果""音频""图形"等工作区，每种工作区根据不同的剪辑需求对工作面板进行了不同的设定和排布。

Premiere默认的工作区为"编辑"工作区，整个工作区布局如图2-3所示。如果"编辑"工作区布局经过用户手动调整或工作区显示不正常，可以在窗口上方用右键单击"编辑"标签，在弹出的快捷菜单中选择"重置为已保存的布局"命令；也可以单击"窗口"|"工作区"|"重置为已保存的布局"命令来恢复工作区的原样。在Premiere工作区中单击面板，面板就会显示蓝色高亮的边框，表示当前面板处于活动状态。当显示多个面板时，只会有一个面板处于活动状态。

图2-3 "编辑"工作区

（1）"项目"面板

"项目"面板用于存放导入剪辑的素材，素材类型可以是视频、音频、图片等，如图2-4所示。单击"项目"面板左下方的"图标视图"按钮■，切换到图标视图，可以预览素材信息。拖动视频素材缩略图下方的播放头，可以向前或向后播放视频。

单击"项目"面板右下方的"新建项"按钮■，在弹出的菜单中可以创建"序列""调整图层""黑场视频""颜色遮罩"等，如图2-5所示。

图2-4 "项目"面板

图2-5 单击"新建项"按钮

（2）"源"面板

双击"项目"面板中的视频素材，可以在"源"面板中预览视频素材，如图2-6所示。在预览视频素材时，按【←】或【→】方向键，可以后退或前进一帧；按【L】键，可以播放视频。按【K】键，可以暂停播放。按【J】键，可以倒放视频。多次按【L】键或【J】键，可以对视频执行快进或快退操作。按空格键，可以播放或暂停播放视频。

图2-6　"源"面板

单击"选择回放分辨率"下拉按钮 1/4 　，会弹出不同等级的分辨率调整数值下拉列表，其作用是当预览视频发生卡顿时可以选择降低分辨率数值，以流畅地预览视频内容。

通过单击面板下方工具栏中的按钮可以对视频素材执行相关操作，如添加标记、标记入点、标记出点、转到入点、后退一帧、播放/停止、前进一帧、转到出点、插入、覆盖、导出帧等。

单击右下方的"按钮编辑器"按钮 ，在弹出的面板中可以管理工具栏中的按钮。若要在工具栏中添加按钮，可以将按钮从面板拖入工具栏；若要清除工具栏中的按钮，可以将按钮拖出工具栏，如图2-7所示。在"源"面板中单击鼠标右键，在弹出的快捷菜单中也可以对视频素材进行相关操作。

图2-7　编辑工具栏按钮

（3）时间轴面板

时间轴面板用于进行视频剪辑，在视频剪辑过程中大部分的工作是在时间轴面板中完成的。剪辑轨道分为视频轨道和音频轨道，视频轨道的表示方式是V1、V2、V3……音频轨道的表示方式是A1、A2、A3……如图2-8所示。用户可以添加多轨视频，如果需要增加轨道数量，可以在轨道的空白处单击鼠标右键，在弹出的快捷菜单中选择"添加轨道"命令，在弹出的"添加轨道"对话框中设置添加轨道的数量，如图2-9所示。音频轨道的添加与视频轨道的添加方式相同，当音频轨道中有多条音频时，声音将同时播放。

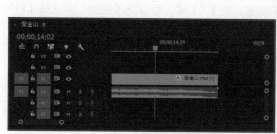

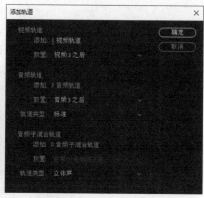

图2-8　时间轴面板　　　　　　　　　图2-9　"添加轨道"对话框

（4）"节目"面板

工作窗口右上方为"节目"面板，用于预览输出成片的序列，该面板左上方显示当前序列名称，如图2-10所示。

（5）工具面板

工具面板（见图2-11）主要用于编辑时间轴面板中的素材。下面对常用工具的功能进行简要介绍。

图2-10　"节目"面板　　　　　　　　图2-11　工具面板

●选择工具：该工具用于选择时间轴轨道上的素材，按住【Shift】键的同时选择素材可以进行多选。

●向前选择轨道工具/向后选择轨道工具：该工具用于选择箭头方向上的全部素材，进行整体内容的位置调整。

●波纹编辑工具：选择该工具，可以调节素材的长度。将素材的长度缩短或拉长时，该素材后方的所有素材会自动跟进。

●滚动编辑工具：使用该工具更改素材的出入点时，相邻素材的出入点也会随之改变，序列的总时长不变。

●比率拉伸工具：使用该工具可以调整素材的长度，改变素材的播放速度。

●剃刀工具：使用该工具可以裁剪素材，按住【Shift】键的同时可以裁剪多个轨道中的素材。

↘ 2.1.2　素材的导入

下面介绍如何将要编辑的素材文件导入项目文件中，常用的导入方法有以下三种。

1. 使用"媒体浏览器"导入

要编辑短视频，首先要将用到的视频素材导入Premiere中。首先，单击"媒体浏览器"面板，从中浏览要在项目中使用的素材，双击视频素材可以在"源"面板中浏览素材，以查看是否要使用它；然后，选择要导入项目中的素材并用右键单击，在弹出的快捷菜单中选择"导入"命令（见图2-12），此时即可将所选素材导入"项目"面板中，如图2-13所示。

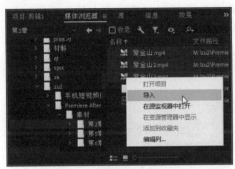

图2-12　选择"导入"命令

图2-13　导入素材

2. 使用"导入"对话框导入

在"项目"面板的空白位置双击鼠标左键或直接按【Ctrl+I】组合键，打开"导入"对话框，选择要导入的素材，然后单击"打开"按钮，即可导入素材，如图2-14所示。

3. 将素材拖入"项目"面板

直接将要导入的素材从文件资源管理器中拖入Premiere的"项目"面板中，即可导入素材，如图2-15所示。

图2-14　"导入"对话框

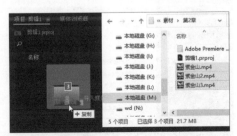

图2-15　将素材拖入"项目"面板

需要注意的是，Premiere中的素材实际上是媒体文件的链接，而个是媒体文件本身。例如，在Premiere中修改文件名称、在时间轴中对文件进行裁剪，不会对媒体文件本身造成影响。

↘ 2.1.3　素材的整理

使用Premiere剪辑短视频时，一般会用到多个、多种类型的素材，为了让这些素材保持良好的组织性，提高剪辑效率，就需要对素材进行整理，如使用素材箱归整素材，使用标签对素材进行分类，为素材添加标记等。

1. 使用素材箱归整素材

在"项目"面板中创建素材箱后，就可以像Windows中的文件夹一样管理Premiere中的素材文件，对素材进行分类和管理，具体操作方法如下。

步骤 01 在"项目"面板中单击右下方的"新建素材箱"按钮▣，然后输入名称，选中要添加到素材箱中的文件，将其拖至素材箱文件夹中即可，如图2-16所示。

步骤 02 还可以选中要添加到素材箱的文件，将其拖至"项目"面板右下方的"新建素材箱"按钮▣上，为所选文件创建一个新的素材箱，如图2-17所示。

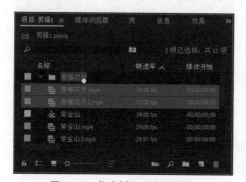

图2-16　将素材拖至素材箱中　　　　图2-17　将素材拖至"新建素材箱"按钮上

步骤 03 此外，还可以在文件资源管理器中对要使用的素材文件通过创建文件夹进行分类，然后将文件夹拖入"项目"面板，即可自动生成素材箱，如图2-18所示。

步骤 04 双击素材箱，会在一个新的面板中显示其中的文件，可以看到它与"项目"面板具有相同的面板选项（见图2-19），在素材箱中还可以嵌套素材箱。

图2-18　将文件夹拖入"项目"面板　　　　图2-19　"素材箱"面板

2. 使用标签对素材进行分类

使用标签功能可以标记"项目"面板"标签"列和时间轴面板中的素材颜色，对素材进行分类，具体操作方法如下。

步骤 01 单击"编辑"|"首选项"|"标签"命令，在弹出的对话框中可以看到各种颜色的标签，用户可以根据编辑需要定义标签名称，例如，可以根据景别、拍摄地点、时间、视频的各个部分等来定义标签名称，这里设置标签名称为"紫金山"，然后单击"确定"按钮，如图2-20所示。

步骤 02 在"项目"面板中选中要设置标签的素材，然后用右键单击所选素材，在弹出的快捷菜单中选择"标签"|"紫金山"命令，即可设置素材标签颜色，如图2-21所示。设置标签颜色后，在"项目"面板的"标签"列可以看到设置的颜色，或者将素材拖至时间轴面板，也可以看到设置的标签颜色。

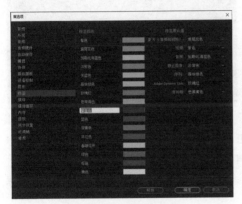

图2-20 设置标签名称

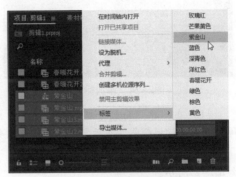

图2-21 设置素材标签颜色

步骤 03 在"项目"面板上方单击搜索框右侧的"从查询创建新的素材箱"按钮，在弹出的对话框中设置搜索类型和查找依据，然后单击"确定"按钮，如图2-22所示。

步骤 04 此时，在素材列表的上方将显示搜索结果，如图2-23所示。

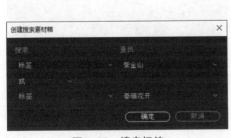

图2-22 搜索标签

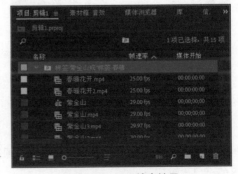

图2-23 显示搜索结果

3. 为素材添加标记

在短视频剪辑过程中，经常需要向剪辑添加标记，使用标记来放置和排列剪辑，如使用标记来确定序列或剪辑中重要的动作或声音。为素材添加标记的具体操作方法如下。

步骤 01 在"项目"面板中双击视频素材，在"源"面板中预览素材，将播放头定位到要添加标记的位置，然后单击"添加标记"按钮▣或按【M】键，即可添加一个标记，如图2-24所示。

步骤 02 将播放头定位到标记范围结束的位置，然后按住【Alt】键的同时拖动标记到播放头的位置，即可划分标记范围，如图2-25所示。

图2-24　添加标记　　　　　　　　　　　图2-25　划分标记范围

步骤 03 在"源"面板中双击标记，在弹出的"标记"对话框中输入标记的名称和注释，并选择标记颜色，然后单击"确定"按钮，如图2-26所示。

步骤 04 此时，即可查看添加的标记效果。采用同样的方法，继续添加标记，标记效果如图2-27所示。

图2-26　设置标记　　　　　　　　　　　图2-27　标记效果

步骤 05 将添加了标记的视频素材拖入时间轴面板，同样可以看到添加的标记效果，如图2-28所示。

步骤 06 除了可以为视频素材添加标记外，还可以为音频素材添加标记，如在音乐节奏点位置添加标记、为音乐的各部分添加标记等，如图2-29所示。

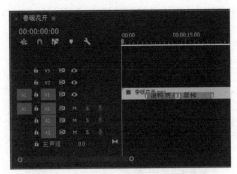

图2-28 在时间轴面板中查看标记

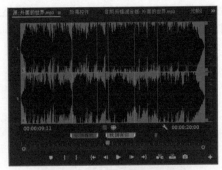

图2-29 为音频素材添加标记

2.1.4 创建序列

在添加剪辑前，需要先创建序列。序列相当于一个容器，添加到序列内的剪辑会形成一段连续播放的视频。

创建序列的具体操作方法如下。

步骤 01 新建"剪辑2"项目文件，导入视频素材，在"项目"面板中将视频素材拖至"新建项"按钮 上，如图2-30所示。还可以用右键单击视频素材，在弹出的快捷菜单中选择"从剪辑新建序列"命令来创建序列。

步骤 02 此时，可以在时间轴面板中看到创建的序列，序列名称与素材名称相同，如图2-31所示。在"项目"面板中单击序列名称，可以重命名序列。

图2-30 将视频素材拖至"新建项"按钮上

图2-31 创建序列

步骤 03 要重新设置序列参数，可以在时间轴面板中选中序列，然后单击"序列"|"序列设置"命令，弹出"序列设置"对话框，在"编辑模式"下拉列表框中选择"自定义"选项，然后自定义"时基""帧大小""像素长宽比"等参数，如图2-32所示。设置完成后，单击"确定"按钮。

步骤 04 要创建一个新的序列，而不是从剪辑创建序列，可以在"项目"面板中单击"新建项"按钮 ，选择"序列"命令，弹出"新建序列"对话框，在"序列预设"选项卡中选择所需的预设选项，然后单击"确定"按钮即可，如图2-33所示。

"序列预设"选项卡的列表中几乎覆盖了市场上主流相机和电影机的预设，以及与它们相对应的描述。在选择序列预设时，应先选择机型/格式，然后选择分辨率，最后选择帧速率。例如，先选择Digital SLR（数码单反相机）类型，然后选择1080p分辨率，最后选择"DSLR 1080p25"预设。当然，也可以选择"设置"选项卡，从中自定义序列参数。

图2-32　"序列设置"对话框

图2-33　选择序列的预设选项

↘ 2.1.5　视频的粗剪

在Premiere中进行视频的粗剪时，可以采用两种方法：一种方法是在预览素材时将用到的视频片段剪辑出来；另一种方法是将素材放到时间轴上，对视频进行快速的剪辑。视频粗剪的具体操作方法如下。

步骤01 打开"素材文件\第2章\剪辑2.prproj"项目文件，在"项目"面板中双击视频素材，在"源"面板中预览素材。将播放头拖至剪辑的开始位置，单击"标记入点"按钮▮或按【I】键，标记剪辑的入点，如图2-34所示。

步骤02 将播放头定位到剪辑的出点位置，单击"标记出点"按钮▮或按【O】键，然后拖动"仅拖动视频"按钮▇到时间轴面板中，如图2-35所示。若拖动视频画面，可以将剪辑中的视频和音频一起拖至时间轴面板中。

图2-34　标记入点

图2-35　拖动"仅拖动视频"按钮

步骤03 此时，即可将选中的剪辑添加到时间轴面板，同时自动创建一个新序列。将时间线定位到剪辑的结束位置，然后单击V2轨道左侧的"对插入和覆盖进行源修补"按钮▇，如图2-36所示。

步骤04 在"源"面板中按【Ctrl+Shift+O】组合键清除出点，拖动入点标记▮到要剪辑的位置，然后在工具栏中单击"插入"按钮▇，如图2-37所示。

图2-36 单击"对插入和覆盖进行源修补"按钮

图2-37 单击"插入"按钮

步骤 05 此时，即可将剪辑插入到V2轨道中的时间线位置。选中下方的音频素材，按退格键或【Delete】键可以删除音频，如图2-38所示。

步骤 06 除了通过"源"面板剪辑素材外，还可以在时间轴面板中对视频素材进行快速剪辑。将时间线定位到要裁剪的位置，按【C】键调用剃刀工具，使用剃刀工具在视频素材上单击即可进行裁剪，如图2-39所示。将时间线定位要裁剪的位置后，也可以直接按【Ctrl+K】组合键进行裁剪。

图2-38 删除音频

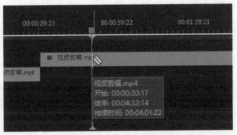

图2-39 裁剪视频素材

步骤 07 此外，还可以边播放视频边粗剪视频。在时间轴面板中选中要裁剪的视频素材，然后按空格键播放视频，在"节目"面板中预览视频素材，当播放到要裁剪的位置时，快速按【Ctrl+K】组合键裁剪视频，如图2-40所示。

步骤 08 根据需要继续裁剪视频素材，然后删除不需要的视频片段，选中要使用的视频片段，如图2-41所示。若要删除素材并封闭间隙，可以按住【Shift】键的同时按【Delete】键。

图2-40 裁剪视频

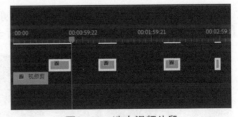

图2-41 选中视频片段

步骤 09 单击"序列"|"封闭间隙"命令，删除剪辑之间的空隙，如图2-42所示。若要删除单个间隙，可以选中间隙后按【Delete】键。

步骤 10 将V2轨道中的剪辑拖至V1轨道中，若要调换剪辑的顺序，可以按住【Ctrl+Alt】组合键的同时拖动剪辑到目标位置，如图2-43所示。若直接拖动剪辑到目标位置，将覆盖原来的剪辑；按住【Ctrl】键的同时拖动剪辑，可以在目标位置插入该剪辑。

图2-42　封闭间隙

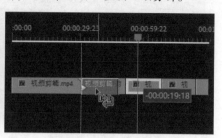

图2-43　调换剪辑的顺序

↘ 2.1.6　视频的精剪

使用剪辑工具可以对视频剪辑的编辑点进行精细调整，以达到节奏上的变化或者实现镜头之间衔接的一些蒙太奇手法，具体操作方法如下。

步骤 **01** 按【B】键调用波纹编辑工具 ，将鼠标指针置于剪辑的入点或出点位置，按住鼠标左键并左右拖动，即可对素材进行波纹修剪，如图2-44所示。使用波纹修剪仅改变编辑点所有后接剪辑的位置，不会影响后接剪辑的入点和出点位置。

步骤 **02** 按住【Ctrl】键，将波纹编辑工具转换为滚动编辑工具 。使用滚动编辑工具可以同时修剪一个剪辑的入点和另一个剪辑的出点，并保持两个剪辑组合的持续时间不变，且不会对两个剪辑之外的其他剪辑造成影响，如图2-45所示。

图2-44　使用波纹编辑工具修剪素材

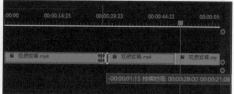

图2-45　使用滚动编辑工具修剪素材

步骤 **03** 使用波纹编辑工具或滚动编辑工具双击剪辑点，进入修剪模式，在"节目"面板中将显示剪辑点处的两屏画面，单击画面下方的按钮可以向后或向前修剪1帧或5帧，如图2-46所示。

步骤 **04** 若要精修剪辑点，还可以选中该剪辑点后，按住【Ctrl】键的同时按【←】或【→】方向键逐帧修剪剪辑点，如图2-47所示。

图2-46　单击修剪按钮

图2-47　逐帧修剪剪辑点

↘ 2.1.7 视频的导出

在Premiere中完成短视频剪辑操作后，可以快速导出视频。在导出视频时，可以设置视频的格式、比特率等参数，还可以导出部分视频片段，或者对视频画面进行裁剪，具体操作方法如下。

步骤 01 在时间轴面板中选择要导出的序列，如图2-48所示。

步骤 02 按【Ctrl+M】组合键打开"导出设置"对话框，在"格式"下拉列表框中选择"H.264"选项（即MP4格式），如图2-49所示。

图2-48 选择要导出的序列　　　　图2-49 选择导出视频的格式

步骤 03 单击"输出名称"选项右侧的文件名超链接，在弹出的"另存为"对话框中选择短视频的保存位置，输入文件名，然后单击"保存"按钮，如图2-50所示。

步骤 04 返回"导出设置"对话框，选择"视频"选项卡，调整"目标比特率（Mbit/s）"数值，对视频大小进行压缩，如图2-51所示。设置完成后，单击"导出"按钮，即可导出视频。

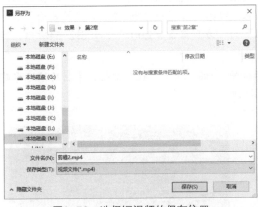

图2-50 选择短视频的保存位置　　　　图2-51 调整目标比特率

步骤 05 若要导出序列中的指定视频片段，可以在"节目"面板中为此视频片段标记入点和出点，然后导出视频即可，如图2-52所示。

步骤 06 在导出视频时，还可以根据需要对视频画面进行裁剪，在"导出设置"对话框左侧的预览界面上方单击"裁剪输出视频"按钮![icon]，然后拖动裁剪框裁剪画面大小，如图2-53所示。

图2-52 标记入点和出点

图2-53 裁剪视频画面

↘ 2.1.8 视频的升格和降格

升格与降格是电影摄影中的一种技术手段，电影摄影的拍摄标准是每秒24帧，也就是每秒拍摄24张，这样在放映时才能是正常速度的连续性画面。但是，为了实现一些特殊的放映效果，如慢镜头效果，就要改变正常的拍摄速度，如高于24帧/秒，这就是升格，放映效果就是慢动作。如果降低拍摄速度，如低于24帧/秒，就是降格，放映效果就是快动作。下面将详细介绍在Premiere中如何设置视频的升格和降格。

1. 升格

在拍摄升格视频时，一般会根据需要选择48帧/秒、60帧/秒、120帧/秒、240帧/秒的高帧速率进行拍摄，通过这种方式拍摄的视频再以正常的帧速率（24帧/秒）播放出来，就会得到比实际动作慢的画面效果。在Premiere中设置视频升格的具体操作方法如下。

步骤 01 新建"升格与降格"项目，按【Ctrl+N】组合键新建序列，在"编辑模式"下拉列表框中选择"自定义"选项，然后设置"时基"为"30.00帧/秒"，"帧大小"水平为1920，垂直为1080，设置"像素长宽比"为"方形像素（1.0）"，如图2-54所示，然后单击"确定"按钮。

步骤 02 在"项目"面板中导入帧速率为60帧/秒的"街道"视频素材，素材的帧速率越高，可调整的速度空间就越大，如图2-55所示。

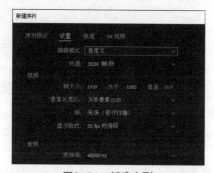

图2-54 新建序列

图2-55 导入视频素材

步骤 03 将视频素材拖入时间轴面板中，在弹出的提示信息框中单击"保持现有设置"按钮，如图2-56所示。

步骤 04 用右键单击视频素材，在弹出的快捷菜单中选择"速度/持续时间"命令，如图2-57所示。

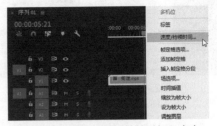

图2-56　单击"保持现有设置"按钮　　　　图2-57　选择"速度/持续时间"命令

步骤 05 在弹出的对话框中设置"速度"为50%，在"时间插值"下拉列表框中选择"帧采样"选项，然后单击"确定"按钮，如图2-58所示。使用"帧采样"时间插值调整视频的播放速度，多出来的帧或空缺的帧将按素材现有的帧来生成。

步骤 06 此时，即可完成升格视频设置，在时间轴面板中可以看到视频的持续时间变长，素材名称中标有50%的速度值，如图2-59所示。

图2-58　调整速度　　　　　　　图2-59　查看调整速度效果

除了采用以上方法设置视频升格外，还可以使用"解释素材"功能来实现视频升格，具体操作方法如下。

步骤 01 在"项目"面板中选中视频素材，然后单击"剪辑"|"修改"|"解释素材"命令，如图2-60所示。

步骤 02 弹出"修改剪辑"对话框，选中"采用此帧速率"单选按钮，并输入帧速率，如图2-61所示，然后单击"确定"按钮。

步骤 03 此时，在"项目"面板中可以看到视频素材的帧速率已修改，如图2-62所示。

除了普通的升格模式外，Premiere还能在素材各个画面之间进行估算补帧，使视频的播放速度进一步放慢。调整素材的帧速率后，在"剪辑速度/持续时间"对话框中再次降低帧速率，设置"速度"为50%，在"时间插值"下拉列表框中选择"光流法"选项，如图2-63所示，然后单击"确定"按钮。使用"光流法"时间插值调整视频的播放速度，程序会根据上下帧来推断像素移动的轨迹，并自动生成新的空缺帧。

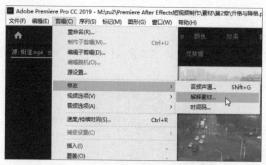

图2-60　单击"解释素材"命令

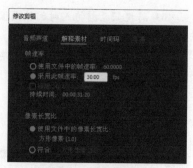

图2-61　设置帧速率

图2-62　查看帧速率

图2-63　选择"光流法"选项

2. 降格

降格，又称"快动作"镜头或快镜头，在拍摄时没有帧数限制，在剪辑时通过增加视频的播放速度即可得到快动作效果。具体操作方法如下。

在"项目"面板中导入视频素材，然后用右键单击视频素材，在弹出的快捷菜单中选择"速度/持续时间"命令（见图2-64）。在弹出的"剪辑速度/持续时间"对话框中，设置"速度"为1000%，即10倍速播放，然后单击"确定"按钮，如图2-65所示。

图2-64　选择"速度/持续时间"命令

图2-65　调整速度

↘ 2.1.9　效果控件的运用

在时间轴面板中为素材添加特效后，可以在"效果控件"面板中设置特效参数。下面将详细介绍如何使用"效果控件"面板设置运动效果、视频过渡效果，以及视频效果。

1．运动效果

关键帧是设置运动效果的关键点，用于设置动态、效果、音频等多种属性，随时间更改属性值即可自动生成动画。一个简单的运动效果至少需要两个关键帧，一个关键帧对应变化开始的值，另一个关键帧对应变化结束的值。

下面通过设置运动效果，制作一个简单的运动动画，具体操作方法如下。

步骤 01 打开"素材文件\第2章\效果控件.prproj"项目文件，将图片素材从"项目"面板拖至时间轴面板的V2轨道上，如图2-66所示。

步骤 02 在"节目"面板中预览添加的图片素材，如图2-67所示。

图2-66 添加图片素材

图2-67 预览图片素材

步骤 03 在时间轴面板中选中图片素材，在"效果控件"面板中设置"缩放"值为50.0，然后选择"运动"效果，如图2-68所示。

步骤 04 此时，在"节目"面板中可以看到图片素材已被选中，将图片素材拖至画面的左上方，如图2-69所示。

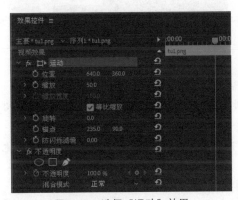

图2-68 选择"运动"效果

图2-69 移动图片素材

步骤 05 在"效果控件"面板中将时间线定位到最左侧，单击"位置"左侧的"切换动画"按钮🕐启用"位置"关键帧动画，此时将在时间线位置自动添加一个关键帧，将时间线向右拖动到要添加第2个关键帧的位置，如图2-70所示。

步骤 06 在"节目"面板中按住【Shift】键拖动图片到画面的右上方，会自动生成第2个位置关键帧，如图2-71所示。

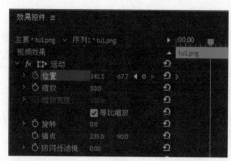

图2-70 启用"位置"关键帧动画

图2-71 移动图片的位置

步骤 07 在"效果控件"面板中调整第2个关键帧的位置，然后按住【Alt】键的同时向右拖动第2个关键帧进行复制，如图2-72所示。

步骤 08 采用同样的方法，在最后1帧添加关键帧，并将图片素材拖至画面的右下方。按住【Shift】键选中所有关键帧，然后用右键单击选中的关键帧，在弹出的快捷菜单中选择"临时插值"|"缓入"命令，如图2-73所示。然后再次用右键单击选中的关键帧，选择"缓出"命令。

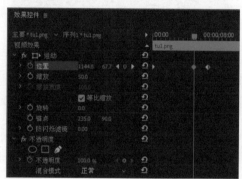

图2-72 复制关键帧

图2-73 选择"缓入"命令

步骤 09 展开"位置"选项，拖动关键帧手柄调整贝塞尔曲线，使运动速度先快后慢，如图2-74所示。关键帧有多种类型，默认创建的为线性关键帧，它可以使动画对象均匀、稳定地运动。要使动画对象自然地加速或减速运动，则需要设置贝塞尔关键帧。

步骤 10 在"节目"面板中按住【Ctrl】键的同时单击运动锚点，更改锚点类型，然后拖动调整柄调整运动曲线，如图2-75所示。

图2-74 调整贝塞尔曲线

图2-75 调整运动曲线

步骤 ⑪ 单击"缩放"左侧的"切换动画"按钮 启用缩放动画，然后按照前面的方法添加关键帧，并设置"缩放"参数分别为50.0、60.0、50.0、60.0、50.0，如图2-76所示。

步骤 ⑫ 单击"旋转"左侧的"切换动画"按钮 启用旋转动画，然后按照前面的方法添加关键帧并设置"旋转"参数分别为0.0、720，即旋转两周，如图2-77所示。

图2-76　制作缩放动画

图2-77　制作旋转动画

2. 视频过渡效果

视频过渡也称视频转场或视频切换，是添加在视频剪辑之间的效果，可以让视频剪辑之间的切换形成动画效果。视频过渡效果通常放置在不同的镜头之间，使镜头之间的切换具有创意。为视频剪辑添加视频过渡效果的具体操作方法如下。

步骤 ① 由于本例中的剪辑用了一个视频素材，为了使过渡效果更明显，先为视频素材制作几个片段的子剪辑。在时间轴面板中选中视频片段素材，然后将时间线定位到视频片段中，如图2-78所示。

步骤 ② 按【F】键执行匹配帧操作，此时在"源"面板中将匹配相应的剪辑范围。用右键单击视频画面，在弹出的快捷菜单中选择"制作子剪辑"命令，如图2-79所示。

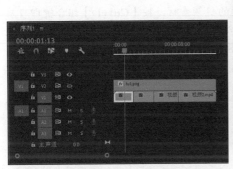
图2-78　定位时间线

图2-79　选择"制作子剪辑"命令

步骤 ③ 在弹出的"制作子剪辑"对话框中输入子剪辑的名称，然后单击"确定"按钮，如图2-80所示。

步骤 ④ 采用同样的方法，为时间轴面板中的其他视频片段创建子剪辑，如图2-81所示。

步骤 ⑤ 在"项目"面板中按住【Alt】键的同时将子剪辑拖入时间轴面板中，覆盖原来的剪辑进行素材替换，如图2-82所示。替换素材后，可以看到每个剪辑的左上方和右上方会出现一个小三角标志，表示剪辑的边界。

步骤 ⑥ 打开"效果"面板，"视频过渡"文件夹中包含了Premiere预设的过渡效果，展开"溶解"选项，用右键单击"交叉溶解"效果，在弹出的快捷菜单中选择"将所选过渡设置为默认过渡"命令，如图2-83所示。

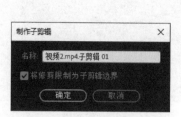

图2-80　输入子剪辑的名称

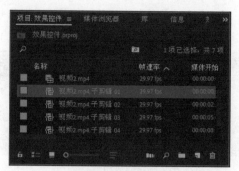

图2-81　创建子剪辑

图2-82　替换素材

图2-83　设置默认过渡效果

步骤 07 在时间轴面板中选中要应用默认过渡的视频素材，按【Ctrl+D】组合键即可应用默认过渡效果，由于添加过渡的剪辑没有额外的素材用于添加过渡，所以Premiere会提示"媒体不足"，单击"确定"按钮，如图2-84所示。此时，Premiere会通过重复结尾帧形成剪辑的冻结帧，从而自动生成其剪辑手柄。时间轴面板中显示的此类过渡会带有贯穿整个过渡条的倾斜警告条。

步骤 08 在时间轴面板中选中过渡效果，在"效果控件"面板中修剪素材，使视频素材与过渡效果叠加，如图2-85所示。

图2-84　添加默认过渡效果

图2-85　修剪视频素材

步骤 09 在"效果控件"面板中拖动过渡效果的边缘，调整过渡时间，如图2-86所示。

　　视频过渡效果的默认持续时长为1秒，若要更改该时长，可以在菜单栏单击"编辑"|"首选项"|"时间轴"命令，在弹出的"首选项"对话框中设置"视频过渡默认持续时间"，如图2-87所示，然后单击"确定"按钮。

图2-86　调整过渡时间

图2-87　设置默认过渡时间

3. 视频效果

　　视频效果位于"效果"面板中，用户可以为序列中的剪辑添加任意数量或组合的视频效果，并在"效果控件"面板中调整效果，具体操作方法如下。

步骤01 在时间轴面板中选中要添加视频效果的视频素材，如图2-88所示。

步骤02 在"效果"面板中搜索"镜像"，然后双击"镜像"效果，为所选视频素材添加"镜像"效果，如图2-89所示。也可以将"镜像"效果直接拖至时间轴面板中的视频素材上。

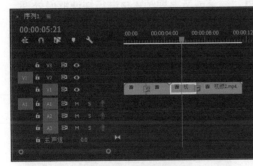

图2-88　选择视频素材

图2-89　添加"镜像"效果

步骤03 此时，在"效果控件"面板中可以看到添加的"镜像"效果，调整"反射中心"和"反射角度"参数，如图2-90所示。

步骤04 在"节目"面板中预览应用的视频效果，如图2-91所示。

图2-90　设置"镜像"效果参数

图2-91　预览"镜像"效果

步骤 **05** 采用同样的方法，为视频素材添加"湍流置换"效果。启用"数量"动画，设置两个关键帧参数分别为20.0、30.0；启用"大小"动画，设置两个关键帧参数分别为30.0、20.0，如图2-92所示。

步骤 **06** 在"效果控件"面板中单击钢笔工具 ✏️，然后在"节目"面板中绘制蒙版，使"湍流置换"效果只应用于蒙版区域，如图2-93所示。

图2-92 设置"湍流置换"效果参数

图2-93 添加蒙版

↘ 2.1.10 绿幕视频抠像

视频抠像技术是通过吸取画面中的某一种颜色作为透明色，将其从画面中抠去，从而使视频背景变得透明。常用的视频背景有绿幕背景和蓝幕背景，所以前景物体上最好不要带有所选视频背景的颜色。

在Premiere中可以使用"超级键"效果对绿幕或蓝幕视频素材进行快速抠像处理，具体操作方法如下。

步骤 **01** 打开"素材文件\第2章\视频抠像.prproj"项目文件，将"金鱼绿幕"视频素材添加到V2轨道中，在"节目"面板中预览效果，如图2-94所示。

步骤 **02** 在"效果"面板中搜索"超级键"，然后将"超级键"效果添加到"金鱼绿幕"视频素材上，如图2-95所示。

图2-94 添加绿幕视频素材

图2-95 添加"超级键"效果

步骤 **03** 在"效果控件"面板中单击"吸管工具"按钮 ✏️，如图2-96所示，然后在"金鱼绿幕"视频素材中吸取背景颜色，即可进行绿幕抠像。

步骤 **04** 在"效果控件"面板的"超级键"选项中设置"输出"为"Alpha通道"，如图2-97所示。设置完成后，可以"节目"面板中查看抠像效果，其中白色为不透明区域，黑色为透明区域。

图2-96 单击"吸管工具"按钮

图2-97 设置"输出"为"Alpha通道"

步骤 05 在"效果控件"面板的"超级键"选项中设置"遮罩生成"选项下的"阴影""容差""基值"等参数，调整抠像效果，在此主要设置了"阴影"参数，如图2-98所示。

步骤 06 在"节目"面板中预览抠像效果，如图2-99所示。抠像完成后，在"效果控件"面板中将"输出"设置为"合成"。

图2-98 设置"超级键"效果参数

图2-99 预览抠像效果

步骤 07 单击"窗口"|"Lumetri颜色"命令，打开"Lumetri颜色"面板，调整"色调"选项中的各项参数，对"金鱼绿幕"视频素材进行简单调色，如图2-100所示。

步骤 08 将"手机入水绿幕"视频素材从"项目"面板中拖至V3轨道上，并进行绿幕抠像，如图2-101所示。用户还可根据需要为"金鱼绿幕"视频素材启用并编辑"位置"动画，使金鱼游动起来。

图2-100 视频简单调色

图2-101 "手机入水绿幕"视频抠像

2.2 短视频版面设置

短视频版面是指视频画面的大小、比例与布局等。Premiere中常用的短视频版面设置主要包括制作竖屏视频、制作电影遮幅效果、制作画中画效果、制作分屏多画面效果，以及添加短视频封面。

↘ 2.2.1 制作竖屏视频

手机短视频平台中的短视频以竖屏为主。在Premiere中制作竖屏视频的具体操作方法如下。

步骤 01 新建"竖屏视频"项目文件，按【Ctrl+N】组合键打开"新建序列"对话框，选择"设置"选项卡，在"编辑模式"下拉列表框中选择"自定义"选项，在"时基"下拉列表框中选择"25.00帧/秒"选项，然后自定义帧大小水平为1080，垂直为1920，单击"确定"按钮，如图2-102所示。

步骤 02 在"项目"面板中添加竖屏视频素材，然后将其拖至时间轴面板中，在"节目"面板查看竖屏视频效果，如图2-103所示。

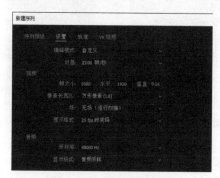

图2-102 设置序列参数　　　　　　图2-103 添加竖屏视频素材

步骤 03 在时间轴面板中用右键单击视频素材，在弹出的快捷菜单中选择"设为帧大小"命令，如图2-104所示。

步骤 04 在"节目"面板中预览竖屏视频效果，如图2-105所示。

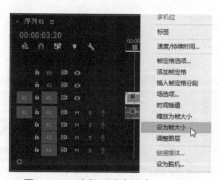

图2-104 选择"设为帧大小"命令　　　　图2-105 预览竖屏视频效果

步骤 **05** 在"效果控件"面板中可以看到竖屏素材的"缩放"参数自动调整为150%，如图2-106所示。

步骤 **06** 在时间轴面板中添加一个16∶9的横屏素材，若要使其全屏显示，需要旋转90度。在"效果控件"面板中启用"缩放"和"旋转"动画，并添加关键帧，制作横屏视频的旋转和缩放动画，如图2-107所示。

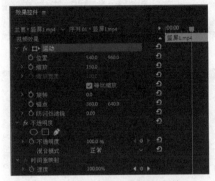

图2-106　查看"缩放"参数

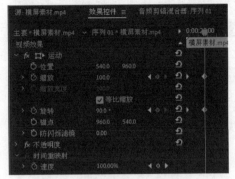

图2-107　制作缩放和旋转动画

步骤 **07** 在"节目"面板中播放视频，预览横屏视频变竖屏效果，如图2-108所示。

图2-108　预览横屏视频变竖屏效果

↘ 2.2.2　制作电影遮幅效果

电影遮幅是一种在保持画面不变形的前提下，拍摄时在镜头前加一个挡板，使普通银幕的画幅上下边各遮去一部分，从而改变画幅的比例，得到宽银幕的效果。在Premiere中制作电影遮幅效果的具体操作方法如下。

步骤 **01** 打开"素材文件\第2章\电影遮幅.prproj"项目文件，在"项目"面板中单击"新建项"按钮🗈，选择"黑场视频"选项，如图2-109所示。

步骤 **02** 将创建的黑场视频拖至时间轴面板中的V2轨道上，如图2-110所示。

步骤 **03** 在"效果控件"面板中设置y坐标参数为-360.0，将时间线定位到遮幅动画开始的时间，然后单击"位置"左侧的"切换动画"按钮🕐启用"位置"动画，将自动添加第1个关键帧，如图2-111所示。

步骤 **04** 将时间线向右移动数帧，设置y坐标参数为-290.0，添加第2个关键帧，如图2-112所示。

图2-109 选择"黑场视频"选项

图2-110 添加黑场视频

图2-111 设置y坐标参数

图2-112 制作y坐标位置动画

步骤 **05** 将黑场视频从"项目"面板拖至时间轴面板的V3轨道上，然后采用同样的方法，在"效果控件"面板中制作"位置"动画，设置y坐标的参数分别为1080.0、1010.0，如图2-113所示。

步骤 **06** 在"节目"面板中预览电影遮幅效果，如图2-114所示。

图2-113 制作黑场视频位置动画

图2-114 预览电影遮幅效果

↘ 2.2.3 制作画中画效果

画中画是一种视频内容呈现方式，指在一个视频全屏播出的同时，在画面的小面积区域上同时播出另一个视频，被广泛用于电视、视频录像、监控、演示设备等。在Premiere中制作画中画效果，并为画中画视频添加边框，具体操作方法如下。

步骤 **01** 打开"素材文件\第2章\画中画效果.prproj"项目文件，将"车外""车内"视频素材分别添加到时间轴面板中的V1轨道和V2轨道上，如图2-115所示。

步骤 **02** 选中"车内"视频素材，在"效果控件"面板中调整"位置"和"缩放"参数，如图2-116所示。

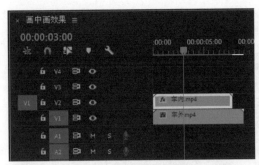

图2-115　添加视频素材

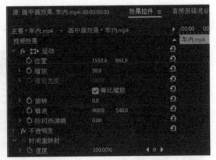

图2-116　调整"位置"和"缩放"参数

步骤 03 此时，即可出现画中画视频效果，在"节目"面板中预览画中画效果，如图2-117所示。

步骤 04 在"项目"面板中单击"新建项"按钮 ，选择"颜色遮罩"选项，如图2-118所示。

图2-117　预览画中画效果

图2-118　选择"颜色遮罩"选项

步骤 05 在弹出的"拾色器"对话框中设置颜色，然后单击"确定"按钮，如图2-119所示。

步骤 06 将创建的颜色遮罩添加到时间轴面板的V2轨道上，将"车内"视频素材拖至V3轨道上，如图2-120所示。

图2-119　设置颜色

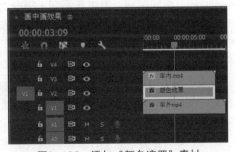

图2-120　添加"颜色遮罩"素材

步骤 07 选择"车内"视频素材，在"效果控件"面板中用右键单击"运动"效果，在弹出的快捷菜单中选择"复制"命令，如图2-121所示。

步骤**08** 选择"颜色遮罩"素材，在"效果控件"面板中按【Ctrl+V】组合键粘贴效果，然后将"缩放"参数修改为32.0，如图2-122所示。

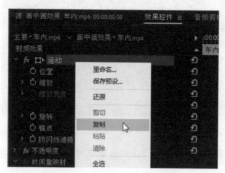

图2-121　复制"运动"效果

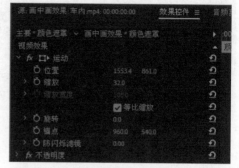

图2-122　粘贴效果并调整"缩放"参数

步骤**09** 将"裁剪"效果从"效果"面板拖至"颜色遮罩"素材上，在"效果控件"面板中设置"左侧"和"右侧"参数，如图2-123所示。

步骤**10** 此时，即可为画中画视频添加视频边框，如图2-124所示。若要修改视频边框的颜色，可以在时间轴面板中双击"颜色遮罩"素材，重新设置颜色。

图2-123　裁剪"颜色遮罩"素材

图2-124　添加视频边框

↘ 2.2.4　制作分屏多画面效果

分屏多画面效果是通过将一个屏幕分为两个或多个，将相同时间、不同空间，或不同时间、不同空间，发生在不同人物身上的事或不同的画面同时展现在观众面前。在Premiere中制作分屏多画面效果的具体操作方法如下。

步骤**01** 打开"素材文件\第2章\分屏效果.prproj"项目文件，可以看到时间轴面板的三个轨道中包含了三个视频剪辑，如图2-125所示。

步骤**02** 单击"文件"｜"新建"｜"旧版标题"命令，在弹出的"新建字幕"对话框中单击"确定"按钮，打开"字幕"面板。使用矩形工具绘制两个白色矩形形状，将画面分割为三部分，如图2-126所示。

步骤**03** 将创建的字幕素材添加到V4轨道上，如图2-127所示。

步骤**04** 根据分屏版面，在"效果控件"面板中分别设置视频素材的"位置"和"缩放"参数，效果如图2-128所示。

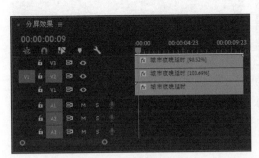

图2-125 打开项目文件

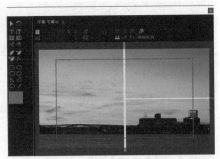

图2-126 制作分屏版面

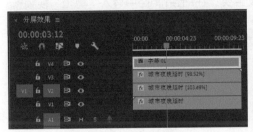

图2-127 添加字幕素材

图2-128 分屏效果

↘ 2.2.5 添加短视频封面

短视频封面就像新闻的标题一样，在一定程度上决定着短视频的关注度和点击量。短视频封面的时长一般为1~2秒，位于短视频的开头。在Premiere中为短视频设置封面的具体操作方法如下。

步骤01 使用其他编辑工具制作短视频封面图片，并将其导入项目文件中，如图2-129所示。

步骤02 将封面图片添加到时间轴面板中，并修剪素材为2秒。用右键单击封面图片素材，在弹出的快捷菜单中选择"设为帧大小"命令，如图2-130所示。

图2-129 制作视频封面

图2-130 选择"设为帧大小"命令

步骤03 按【A】键调用向前选择轨道工具🖐，使用该工具选择除封面图片外的其他所有素材，如图2-131所示。

步骤04 向右拖动所选素材，与封面图片素材的出点对齐即可，如图2-132所示。

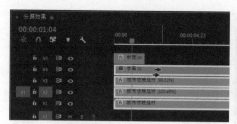

图2-131 选择素材

图2-132 移动素材

课后习题

1. 打开"素材文件\第2章\习题\"文件夹，在Premiere中导入"剪辑"视频素材，并对视频素材进行重新剪辑。

2. 打开"素材文件\第2章\习题\视频边框.prproj"项目文件，制作画中画效果。

第 3 章
短视频技巧性剪辑

在短视频剪辑过程中，除了正常的素材拼接以外，有时还需要根据场景进行一些技巧性剪辑，通过添加效果或多种素材的组合使短视频呈现出不同的风格。本章将通过实例详细介绍短视频创作中常用的技巧性剪辑方法。

学习目标

● 掌握制作动作重复/暂停/倒放效果、双重曝光效果、希区柯克式变焦效果的方法。
● 掌握制作移轴效果、镜像翻转效果、视频曲线变速效果的方法。
● 掌握制作音乐踩点效果、画面振动效果、画面频闪效果的方法。
● 掌握制作描边弹出效果、定格照片效果和快速翻页视频片头的方法。

3.1 制作重复/暂停/倒放效果

在Premiere中可以制作视频的画面重复、暂停和倒放效果，具体操作方法如下。

步骤 01 打开"素材文件\第3章\动作重复暂停倒放.prproj"项目文件，在"节目"面板中标记要重复的片段的入点和出点，如图3-1所示。

步骤 02 在时间轴面板中单击A1音频轨道中的"以此轨道为目标切换轨道"按钮 A1，取消该轨道目标定位，在视频轨道中只保留V1轨道的目标定位，可以看到入点和出点范围内只选中了V1轨道中的视频片段，按【Ctrl+C】组合键复制该视频片段，如图3-2所示。

图3-1 标记入点和出点

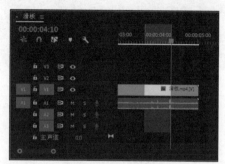

图3-2 复制视频片段

步骤 03 单击V2轨道中的"以此轨道为目标切换轨道"按钮 V2，关闭V1轨道目标定位，按【Ctrl+V】组合键将复制的视频片段粘贴到V2轨道中，如图3-3所示。当有多个轨道目标定位时，复制的视频片段将被粘贴到图层顺序最低的轨道上。

步骤 04 在"效果控件"面板中设置"缩放"参数为150.0，根据需要调整"位置"参数，如图3-4所示。

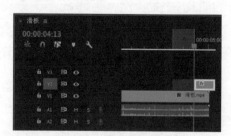

图3-3 粘贴视频片段

图3-4 设置"缩放"和"位置"参数

步骤 05 在时间轴面板中用右键单击V2轨道中的视频片段，在弹出的快捷菜单中选择"速度/持续时间"命令，在弹出的对话框中设置"速度"为20%，在"时间插值"下拉列表框中选择"帧混合"选项，然后单击"确定"按钮，如图3-5所示。使用"帧混合"时间插值选项可以重复帧并混合帧，以提升动作的流畅度。

步骤 06 此时，即可设置慢动作视频。用右键单击视频剪辑左上方的 fx 图标，在弹出的快捷菜单中选择"时间重映射"|"速度"命令，将轨道上的关键帧更改为速度关键帧，如图3-6所示。

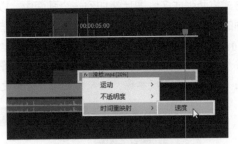

图3-5 设置播放速度　　　　　图3-6 选择"速度"命令

步骤 07 在时间轴面板左侧双击V2轨道将其展开，按住【Ctrl】键的同时在视频片段的速度轨道上单击，即可添加速度关键帧，如图3-7所示。添加关键帧后，可以按住【Alt】键的同时拖动关键帧调整其位置。

步骤 08 按住【Ctrl+Alt】组合键的同时向右拖动关键帧，即可设置画面暂停，将关键帧拖至暂停结束的位置，如图3-8所示。

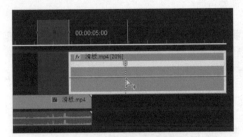

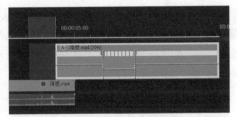

图3-7 添加速度关键帧　　　　图3-8 设置画面暂停

步骤 09 按住【Ctrl】键的同时拖动第2个关键帧，将其拖至倒放终点的位置，即可设置所选时间内的视频先倒放再正放，如图3-9所示。

步骤 10 设置完成后，按住【Ctrl】键的同时将V2轨道中的视频片段拖至V1轨道标记出点的位置，插入该视频片段，如图3-10所示。在"节目"面板中预览视频，查看动作的重复、暂停、倒放效果。

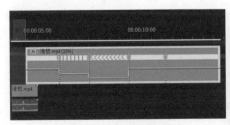

图3-9 设置画面倒放　　　　　图3-10 插入视频片段

3.2 制作双重曝光效果

双重曝光是摄影中的一种拍摄手法，即在同一张底片上进行多次曝光，通过双重曝光的方式将两张或多张图片叠加到一个画面中，以满足艺术创作的需要。在Premiere中以视频的形式实现双重曝光的视觉效果，具体操作方法如下。

步 骤 01 打开"素材文件\第3章\双重曝光.prproj"项目文件，在时间轴面板中选中"人物"视频素材，单击"窗口"|"Lumetri颜色"命令，打开"Lumetri颜色"面板，调整"色调"选项中的各项参数，使人物更暗、背景更亮，如图3-11所示。

图3-11　调整色调

步 骤 02 将"延时视频"视频素材拖至"人物"视频素材上方轨道，使用比率拉伸工具 调整视频素材的长度，然后选中"延时视频"视频素材，如图3-12所示。

步 骤 03 在"效果控件"面板的"不透明度"效果中设置"混合模式"为"变亮"模式，如图3-13所示。

图3-12　调整视频素材的长度

图3-13　设置混合模式

步 骤 04 此时，即可生成双重曝光效果，根据需要调整"人物"视频素材的大小，如图3-14所示。

图3-14　双重曝光效果

3.3 制作希区柯克式变焦效果

希区柯克式变焦又称滑动变焦，是一种拍摄手法，其画面表现为主体在画面中大小和位置不变，背景透视发生剧烈改变，呈现背景远离或靠近主体的视觉效果，从而营造出与众不同的空间扭曲感。在Premiere中通过简单的编辑制作希区柯克式变焦效果，具体操作方法如下。

步骤 01 打开"素材文件\第3章\希区柯克.prproj"项目文件，该视频素材为一段推镜头的视频，在"节目"面板中预览视频第0秒的画面，如图3-15所示。

步骤 02 在"节目"面板中预览视频第10秒23帧的画面，如图3-16所示。

图3-15 第0秒的画面

图3-16 第10秒23帧的画面

步骤 03 在"效果控件"面板中启用"位置"和"缩放"关键帧动画，分别在第0秒和第10秒23帧的位置添加关键帧。将时间线定位到第0秒的位置，设置"缩放"和"位置"参数，如图3-17所示。

步骤 04 在"节目"面板中预览设置的视频效果，使画面中的吊灯与第10秒23帧中吊灯的大小和位置相同，如图3-18所示。播放视频，即可看到吊灯大小和位置不变，背景逐渐远离吊灯。

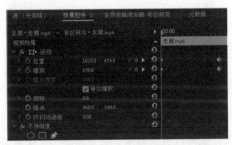

图3-17 设置"缩放"和"位置"参数

图3-18 希区柯克式变焦效果

3.4 制作移轴效果

移轴摄影是一种摄影拍摄手法，泛指利用移轴镜头创作的作品，被广泛用于创作变化景深聚焦点位置的摄影作品。移轴摄影所拍摄的作品就像模型般的"小人国"，将真实世界中的建筑、人物全都变成微缩模型。在Premiere中制作移轴效果的视频，具体操作方法如下。

步骤 01 打开"素材文件\第3章\移轴效果.prproj"项目文件，在"效果"面板中搜索"模糊"，然后将"高斯模糊"效果添加到时间轴面板中的视频素材上，如图3-19所示。

步骤 02 打开"效果控件"面板，在"高斯模糊"效果中单击钢笔工具 创建蒙版，如图3-20所示。

图3-19　选择"高斯模糊"效果

图3-20　单击钢笔工具

步骤 03 启用"蒙版路径"动画，设置"蒙版羽化""模糊度"等参数，如图3-21所示。

步骤 04 双击"节目"面板将其最大化，然后调整缩放级别为50%，在"节目"面板中绘制蒙版路径，如图3-22所示。

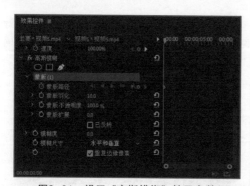

图3-21　设置"高斯模糊"效果参数

图3-22　绘制蒙版路径

步骤 05 向右拖动播放头，根据需要调整路径，直到该镜头结束，将自动添加"蒙版路径"关键帧，如图3-23所示。

步骤 06 在"效果控件"面板中设置"蒙版羽化""模糊度"等参数，并选中"已反转"和"重复边缘像素"复选框，如图3-24所示。

步骤 07 在"节目"面板中播放视频，查看移轴效果，如图3-25所示。

步骤 08 采用同样的方法，为视频素材中的其他镜头制作移轴效果，如图3-26所示。

图3-23　调整蒙版路径

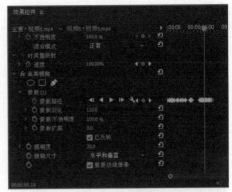

图3-24　设置"高斯模糊"效果参数

图3-25　移轴效果

图3-26　其他镜头移轴效果

3.5　制作镜像翻转效果

使用Premiere中的翻转效果可以制作视频画面镜像翻转效果，具体操作方法如下。

步骤01 打开"素材文件\第3章\镜像翻转.prproj"项目文件，在时间轴面板中选中视频素材，在"效果控件"面板调整y坐标参数，如图3-27所示。

步骤02 在"节目"面板查看设置后的视频效果，如图3-28所示。

图3-27　调整y坐标参数

图3-28　设置后的视频效果

步骤03 在时间轴面板中按住【Alt】键的同时向上拖动视频素材进行复制，然后选中V2轨道中的视频素材，如图3-29所示。

步骤 **04** 为所选视频素材添加"垂直翻转"效果，在"效果控件"面板中调整y坐标参数，如图3-30所示。

图3-29　复制素材

图3-30　调整y坐标参数

步骤 **05** 为V2轨道中的视频素材添加"裁剪"效果，设置"底部"为40.0%，"羽化边缘"为20，如图3-31所示。

步骤 **06** 此时，即可在"节目"面板中预览视频镜像翻转效果，如图3-32所示。

图3-31　设置"裁剪"效果参数

图3-32　预览镜像翻转效果

3.6　制作视频曲线变速效果

要使视频素材中既有加速画面又有减速画面，可以使用"时间重映射"效果调整视频中不同部分的速度，使视频播放速度呈曲线变化，视频中的快动作和慢动作切换自如，具有节奏感。在Premiere中制作视频曲线变速效果，具体操作方法如下。

步骤 **01** 打开"素材文件\第3章\曲线变速.prproj"项目文件，播放视频，然后将时间线定位到要变速的位置，选中音频素材，按【M】键添加标记，如图3-33所示。

步骤 **02** 双击V1轨道将其展开，用右键单击视频素材左上方的 fx 图标，在弹出的快捷菜单中选择"时间重映射"|"速度"命令，如图3-34所示。

步骤 **03** 按住【Ctrl】键的同时在视频素材的速度轨道上单击，添加速度关键帧，在此添加两个速度关键帧。按住【Alt】键的同时拖动左侧的关键帧，将其移至音频中标记的位置，然后向上拖动两个关键帧之间的控制线直到1000%，即可对两个关键帧之间的视频片段进行10倍的加速，根据音乐节奏调整第2个关键帧的位置，如图3-35所示。

步骤 **04** 拖动速度关键帧，将其拆分为左、右两个部分，出现的两个标记分别表示速度变化过渡开始和结束的关键帧，两个标记之间形成斜坡，表明它们之间速度的逐渐变化，拖动斜坡上的手柄可以使坡度变得平滑，如图3-36所示。

图3-33　在音频素材中添加标记

图3-34　选择"速度"命令

图3-35　调整速度

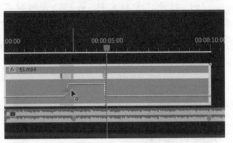

图3-36　拆分速度关键帧

步骤 **05** 采用同样的方法，调整第2个速度关键帧。继续添加第3个速度关键帧并进行调速，使剪辑出点位置的速度变快，如图3-37所示。

步骤 **06** 在时间轴面板中添加第2个视频素材，并按照前面的方法进行速度调整，如图3-38所示。在调速时，通过加快两个镜头衔接处的速度，即可形成变速无缝转场。

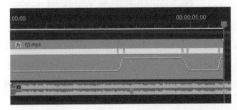

图3-37　调整出点位置的速度

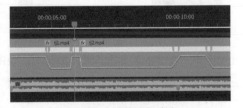

图3-38　调整视频速度

步骤 **07** 在"节目"面板中播放视频，预览视频曲线变速效果，如图3-39所示。

图3-39　预览视频曲线变速效果

3.7 制作音乐踩点效果

短视频音乐踩点效果，即短视频画面随着音乐的节奏发生变化，使短视频的播放张弛有度、快慢结合、节奏流畅。下面将介绍如何在Premiere中制作普通音乐踩点效果、一镜踩点效果、遮罩踩点效果和自动踩点视频剪辑。

↘ 3.7.1 制作普通音乐踩点效果

普通音乐踩点效果就是随着音乐节奏切换视频画面。在Premiere中制作普通音乐踩点效果的具体操作方法如下。

步骤 01 打开"素材文件\第3章\普通踩点.prproj"项目文件，在"项目"面板中用右键单击视频素材，在弹出的快捷菜单中选择"速度/持续时间"命令，如图3-40所示。

步骤 02 在弹出的"剪辑速度/持续时间"对话框中设置"速度"为200%，然后单击"确定"按钮，如图3-41所示。

图3-40 选择"速度/持续时间"命令

图3-41 设置速度

步骤 03 在"项目"面板中双击音频素材，在"源"面板中播放音频。在播放过程中按【M】键，在音乐节奏点位置添加标记，如图3-42所示。

步骤 04 分别将视频素材和音频素材添加到时间轴面板中，然后在音频标记位置裁剪视频素材，如图3-43所示。

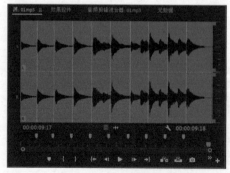

图3-42 添加标记

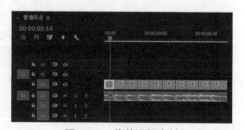

图3-43 裁剪视频素材

步骤 05 下面对裁剪的视频剪辑进行替换。在"源"面板中打开视频素材，在要进行替换的位置标记入点，然后按住【Alt】键的同时拖动"仅拖动视频"按钮 到时间轴面板的第1个视频片段上进行视频剪辑替换，如图3-44所示。

此外，用户还可以拖动"仅拖动视频"按钮 到"节目"面板中，将显示相应的操作选项，选择"替换"选项即可替换所选素材，如图3-45所示。采用同样的方法，替换时间轴面板中的其他视频剪辑，完成音乐踩点视频的制作。

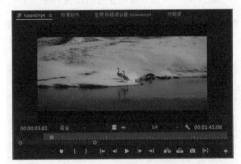

图3-44　替换视频剪辑

图3-45　选择"替换"选项

3.7.2　制作一镜踩点效果

要在一个镜头中制作音乐踩点效果，需要对音乐节奏处的视频画面进行加速和减速处理，使之随着音乐节奏加快或降低视频播放速度。在Premiere中制作一镜踩点效果的具体操作方法如下。

步骤 01 打开"素材文件\第3章\一镜踩点.prproj"项目文件，在时间轴面板中双击背景音乐素材，在"源"面板中播放视频，并在音乐的节奏点位置添加标记，如图3-46所示。

步骤 02 在时间轴面板中展开V1轨道，用右键单击视频素材左上方的 图标，在弹出的快捷菜单中选择"时间重映射"|"速度"命令，如图3-47所示。

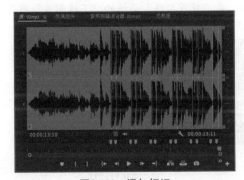

图3-46　添加标记

图3-47　选择"速度"命令

步骤 03 在音乐节奏点的位置添加速度关键帧，在右侧再添加一个关键帧，然后向上拖动两个关键帧之间的控制线进行调速，根据音乐节奏调整第2个关键帧的位置，如图3-48所示。

步骤 04 采用同样的方法，继续在音乐节奏点位置添加关键帧，并进行加速调整，如图3-49所示。

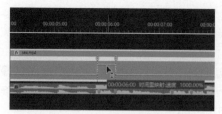

图3-48　添加关键帧并调速

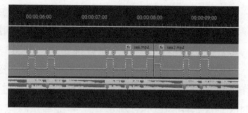

图3-49　添加关键帧并进行加速调整

步骤05 在"节目"面板中播放视频，可以看到视频运动随着音乐节奏进行变速，画面显得非常有节奏感，如图3-50所示。

图3-50　一镜踩点效果

↘ 3.7.3　制作遮罩踩点效果

遮罩踩点效果是在普通踩点效果的基础上添加遮罩动画，使视频画面更具动感。在Premiere中制作遮罩踩点效果的具体操作方法如下。

步骤01 打开"素材文件\第3章\遮罩踩点.prproj"项目文件，在时间轴面板中可以看到已经对视频素材进行了音乐踩点剪辑，如图3-51所示。

步骤02 在时间轴面板中选中第1个视频剪辑，在"效果控件"面板的"不透明度"效果中单击"创建4点多边形蒙版"按钮，如图3-52所示。

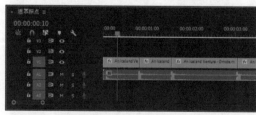

图3-51　打开素材文件

图3-52　单击"创建4点多边形蒙版"按钮

步骤03 此时，在"节目"面板中即可看到视频中创建了一个矩形蒙版，拖动蒙版内部可以调整其位置，如图3-53所示。

步骤04 在"效果控件"面板中设置"蒙版羽化"为0.0，启用"蒙版路径"动画，在第1帧和最后1帧添加关键帧，将时间线定位到最后一帧，如图3-54所示。

图3-53 调整蒙版位置

图3-54 启用"蒙版路径"动画

步骤 05 在"节目"面板中调整蒙版的位置，即可制作蒙版移动动画，如图3-55所示。

步骤 06 拖动蒙版中的锚点，可以调整蒙版的形状。若要改变矩形蒙版的大小，可以框选相邻的两个锚点，然后按方向键或【Shift+方向键】组合键调整锚点的位置，如图3-56所示。

图3-55 调整蒙版位置

图3-56 调整蒙版大小

步骤 07 为第3个视频剪辑添加矩形蒙版，使蒙版选区刚好覆盖整个视频画面，然后在"效果控件"面板中启用"蒙版扩展"动画，添加两个关键帧，设置"蒙版扩展"参数分别为−150.0、0.0，如图3-57所示。

步骤 08 在"节目"面板中预览蒙版动画效果，如图3-58所示。

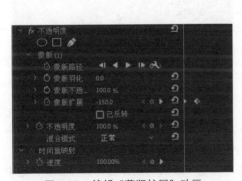

图3-57 编辑"蒙版扩展"动画

图3-58 预览蒙版动画效果

步骤 09 继续为其他视频剪辑添加蒙版，并制作蒙版动画。选中最后一个剪辑上层的视频剪辑，如图3-59所示。

步骤⑩ 在"效果控件"面板中为所选剪辑添加矩形蒙版，启用"蒙版扩展"动画，添加4个关键帧，设置"蒙版扩展"参数分别为–150.0、100.0、0.0、680.0，如图3-60所示。

图3-59　选择视频剪辑　　　　　　图3-60　编辑"蒙版扩展"动画

步骤⑪ 在"节目"面板中预览最后一个剪辑中的蒙版动画，效果如图3-61所示。

图3-61　预览蒙版动画效果

3.7.4　制作自动踩点视频剪辑

当要剪辑的视频素材过多时，通过手动逐个剪辑视频就会很烦琐，这时可以使用Premiere的"自动匹配序列"功能一键完成自动踩点视频剪辑，具体操作方法如下。

步骤① 打开"素材文件\第3章\自动踩点.prproj"项目文件，在时间轴面板中播放视频，并在音乐节奏点处按【M】键添加标记，如图3-62所示。

步骤② 在"源"面板中打开视频素材，将播放头定位到要保存为图片的画面位置，然后单击"导出帧"按钮，如图3-63所示。

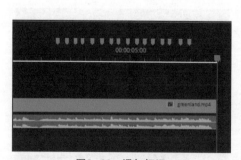

图3-62　添加标记　　　　　　图3-63　单击"导出帧"按钮

步骤③ 在弹出的"导出帧"对话框中单击"浏览"按钮，选择图片保存位置，选中"导入到项目中"复选框，然后单击"确定"按钮，如图3-64所示。此时，即可在项目中保存视频截图。采用同样的方法，保存16张视频截图。

步骤④ 在时间轴面板中将时间线定位到第一个标记位置，如图3-65所示。

图3-64 设置导出帧

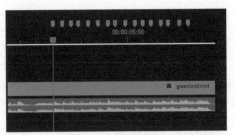

图3-65 定位时间线

步骤05 在"项目"面板中选中保存的视频截图,并将其拖至"自动匹配序列"按钮  上,如图3-66所示。

步骤06 在弹出的"序列自动化"对话框中,设置"放置"为"在未编号标记","方法"为"覆盖编辑",选中"使用入点/出点范围"单选按钮,然后单击"确定"按钮,如图3-67所示。

图3-66 自动匹配序列

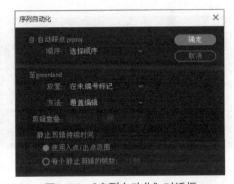

图3-67 "序列自动化"对话框

步骤07 此时,即可将图片自动添加到时间轴面板并与标记逐个对齐,如图3-68所示。

步骤08 用户可以根据需要将时间轴中的部分图片替换为视频,在"源"面板中打开视频素材并标记入点,然后按住【Alt】键的同时拖动"仅拖动视频"按钮 到时间轴面板中的图片上,即可进行替换,如图3-69所示。制作完成后在"节目"面板预览自动踩点视频剪辑效果。

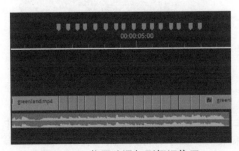

图3-68 将图片添加到标记位置

图3-69 替换图片

3.8 制作画面振动效果

在短视频剪辑过程中，除了配合背景音乐制作视频踩点效果外，有时还需要配合音乐中一些节奏鲜明的鼓点添加画面振动的视频效果，以达到增强情绪的目的。下面使用Premiere制作画面弹出振动效果与色彩偏移振动效果。

↘ 3.8.1 制作画面弹出振动效果

画面弹出振动效果，即视频播放到音频节奏点时，画面突然微微放大并弹出具有透明效果的放大画面。使用Premiere制作画面弹出振动效果的具体操作方法如下。

步骤 01 打开"素材文件\第3章\画面振动.prproj"项目文件，将视频素材和音频素材拖入时间轴面板中，并进行视频剪辑，如图3-70所示。

步骤 02 在"节目"面板中预览视频，将播放头拖至要发生画面振动的位置，如图3-71所示。

图3-70 添加视频和音频素材

图3-71 定位播放头位置

步骤 03 在"项目"面板中单击"新建项"按钮🖿，选择"调整图层"选项，如图3-72所示。

步骤 04 将调整图层拖至时间轴面板中，将其放置到要发生画面振动的位置，并修剪调整图层长度为20帧，如图3-73所示。

图3-72 选择"调整图层"选项

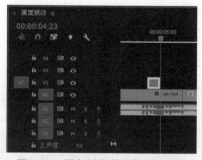
图3-73 添加并修剪调整图层长度

步骤 05 为调整图层添加"变换"效果，在"效果控件"面板中启用"变换"效果中的"缩放"动画，添加3个关键帧，设置"缩放"参数分别为100.0、110.0、100.0，如图3-74所示。

步骤06 选中3个关键帧，然后用鼠标右键单击所选的关键帧，在弹出的快捷菜单中选择"自动贝塞尔曲线"命令，如图3-75所示。

图3-74 设置"缩放"参数

图3-75 选择"自动贝塞尔曲线"命令

步骤07 在时间轴面板中按住【Alt】键的同时向上拖动调整图层，将其复制到V3轨道上，如图3-76所示。

步骤08 选中V3轨道中的调整图层，在"效果控件"面板中修改"缩放"的第2个关键帧参数为120.0。启用"不透明度"效果中的"不透明度"动画，添加3个关键帧，设置"不透明度"参数分别为0.0%、50.0%、0.0%，"混合模式"为"滤色"，如图3-77所示。

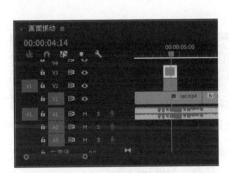

图3-76 复制调整图层

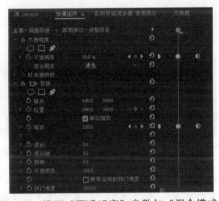

图3-77 设置"不透明度"参数与"混合模式"

步骤09 在"节目"面板中预览视频画面振动效果，如图3-78所示。

步骤10 在进行画面振动时，除了设置"缩放"参数外，还可以根据需要设置"位置"参数，使画面在振动时发生一些位移，如图3-79所示。

图3-78 预览视频画面振动效果

图3-79 设置"位置"参数

↘ 3.8.2 制作色彩偏移振动效果

在画面弹出振动效果的基础上设置颜色分离，即可生成色彩偏移振动效果。在Premiere中制作色彩偏移振动效果的具体操作方法如下。

步骤 01 在时间轴面板中将前面制作好的两个调整图层向右复制一份，并将V3轨道上的调整图层向V4轨道复制一份，如图3-80所示。

步骤 02 选中V4轨道上的调整图层，在"效果控件"面板中设置"变换"效果下"缩放"的第2个关键帧"缩放"参数为130.0，如图3-81所示。

图3-80 复制调整图层　　　　　　　　图3-81 设置"缩放"参数

步骤 03 为3个调整图层分别添加"颜色平衡（RGB）"效果，效果参数设置分别如图3-82所示。

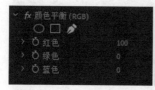

图3-82 分别设置"颜色平衡（RGB）"效果参数

步骤 04 选中V2轨道中的调整图层，在"效果控件"面板的"不透明度"效果中设置"混合模式"为"滤色"，并编辑"不透明度"动画，如图3-83所示。

步骤 05 在"节目"面板中预览颜色偏移振动效果，如图3-84所示。

图3-83 设置混合模式　　　　　　　　图3-84 预览颜色偏移振动效果

3.9 制作画面频闪效果

画面频闪效果常用于快节奏的短视频剪辑中，是指视频画面会随着音乐动感的节拍快速闪烁。短视频中常用的画面频闪效果有颜色频闪效果和镜头交替频闪效果。

↘ 3.9.1 制作颜色频闪效果

颜色频闪效果指应用了闪光颜色的画面和正常画面交替频闪。在制作颜色频闪效果时，创作者可以根据需要设置不同的闪光颜色或闪烁效果。在Premiere中制作颜色频闪效果的具体操作方法如下。

步骤 01 打开"素材文件\第3章\画面频闪.prproj"项目文件，在V2轨道上添加调整图层，并根据音频节奏修剪其长度，如图3-85所示。

步骤 02 为调整图层添加"闪光灯"效果，在"效果控件"面板中设置"闪光色"为白色，"与原始图像混合"为50%，"闪光运算符"为"复制"，设置"闪光周期（秒）"为0.10，"闪光持续时间（秒）"为0.05，如图3-86所示。

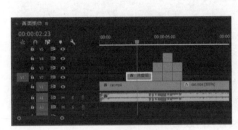

图3-85　添加调整图层

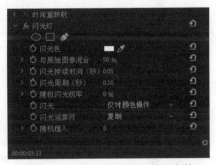

图3-86　设置"闪光灯"效果参数

步骤 03 在"节目"面板中播放视频，预览画面频闪效果，如图3-87所示。

步骤 04 还可以根据需要选择其他闪光颜色或"闪光运算符"选项，如选择蓝色闪光色和"异或"运算符，画面的频闪效果如图3-88所示。

图3-87　预览画面频闪效果

图3-88　修改后的画面频闪效果

↘ 3.9.2 制作镜头交替频闪效果

使用"闪光灯"效果除了制作颜色频闪效果外，还可以制作两个镜头画面的交替频闪效果。在Premiere中制作镜头交替频闪效果的具体操作方法如下。

步骤01 打开"素材文件\第3章\镜头交替频闪.prproj"项目文件，在V2轨道上添加"下雪"视频素材，并根据音频节奏修剪其长度，如图3-89所示。

步骤02 为"下雪"视频素材添加"闪光灯"效果，设置"闪光持续时间（秒）"为0.10，"闪光周期（秒）"为0.20，"闪光"为"使图层透明"，如图3-90所示。

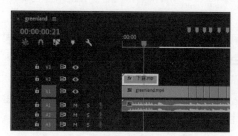

图3-89　添加视频素材并修剪

图3-90　设置"闪光灯"效果参数

步骤03 在"节目"面板中播放视频，即可看到两个镜头画面交替频闪，效果如图3-91所示。

图3-91　镜头交替频闪效果

3.10　制作描边弹出效果

描边弹出效果，即通过识别画面中有明显过渡的图像区域并突出边缘，形成描边效果的画面，然后通过设置"缩放"和"不透明度"关键帧为画面制作弹出动画，与原画面叠加后形成炫酷的描边弹出效果。使用Premiere制作描边弹出效果的具体操作方法如下。

步骤01 打开"素材文件\第3章\描边弹出.prproj"项目文件，在时间轴面板中按住【Alt】键的同时复制第2个视频剪辑到V2轨道上，如图3-92所示。

步骤02 为V2轨道上的视频剪辑添加"查找边缘"效果，在"效果控件"面板的"查找边缘"效果中选中"反转"复选框，如图3-93所示。

步骤03 在"节目"面板中预览"查找边缘"效果，如图3-94所示。

步骤04 为视频剪辑添加"色调"效果，在"色调"效果中设置"将白色映射到"颜色为绿色，"着色量"为50.0%，如图3-95所示。

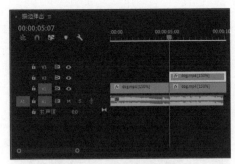

图3-92 复制视频剪辑

图3-93 设置"查找边缘"效果参数

图3-94 预览"查找边缘"效果

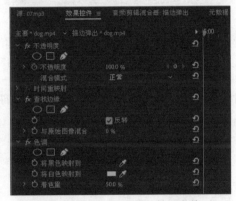

图3-95 设置"色调"效果参数

步骤 **05** 在"节目"面板中预览添加"色调"效果后的视频效果,如图3-96所示。

步骤 **06** 为视频剪辑添加"变换"效果,启用"缩放"关键帧动画,添加两个关键帧,设置"缩放"参数分别为100.0、150.0;启用"位置"关键帧动画,根据需要调整第2个关键帧的位置参数,然后调整"缩放"关键帧的贝塞尔曲线,如图3-97所示。

图3-96 预览视频效果

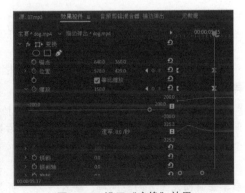

图3-97 设置"变换"效果

步骤 **07** 启用"不透明度"关键帧动画,添加3个关键帧,设置"不透明度"参数分别为0.0、100.0、0.0,如图3-98所示。

步骤 **08** 在"不透明度"效果中设置"混合模式"为"线性减淡(添加)",如图3-99所示。

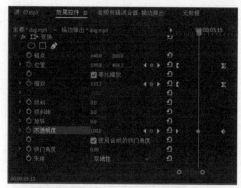

图3-98　设置"不透明度"参数

图3-99　设置混合模式

步骤09 在"节目"面板中预览"描边弹出"效果，如图3-100所示。

步骤10 在"效果控件"面板中选中"变换"效果中添加的所有关键帧，按【Ctrl+C】组合键进行复制。然后将时间线定位到下一个振动节奏点的位置，按【Ctrl+V】组合键粘贴关键帧，如图3-101所示。此时，即可得到随音乐节奏点描边弹出效果。

图3-100　预览"描边弹出"效果

图3-101　复制关键帧

3.11　制作定格照片效果

使用Premiere将视频中的指定画面定格为照片，并添加画面定格动画，稍等片刻后再继续播放视频，具体操作方法如下。

步骤01 打开"素材文件\第3章\视频定格拍照\定格照片.prproj"，在时间轴面板中将时间线定位到要定格为照片的位置，然后用右键单击视频素材，在弹出的快捷菜单中选择"插入帧定格分段"命令，如图3-102所示。

步骤02 此时，即可插入一段帧定格素材。将时间线定位到帧定格素材的入点位置，然后单击页面左上方的时间码，输入"+3."并按【Enter】键确认，如图3-103所示。

步骤03 此时，时间线向右移动3秒。按【B】键调用波纹编辑工具■，使用该工具将帧定格素材的出点修剪到时间线位置，如图3-104所示。

步骤04 按住【Alt】键的同时向上拖动帧定格素材进行复制，如图3-105所示。

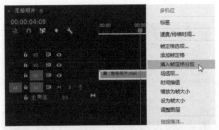

图3-102　选择"插入帧定格分段"命令

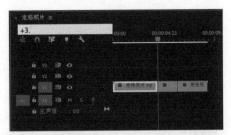

图3-103　输入时间码

图3-104　修剪帧定格素材

图3-105　复制帧定格素材

步骤 05 为V2轨道上的帧定格素材添加"变换"效果，在"效果控件"面板中启用"缩放"关键帧，添加4个关键帧，设置"缩放"参数分别为100.0、70.0、70.0、100.0；启用"旋转"关键帧，添加4个关键帧，设置"旋转"参数分别为0.0°、-2.0°、-2.0°、0.0°，如图3-106所示。

步骤 06 为V2轨道上的帧定格素材添加"油漆桶"效果，在"效果控件"面板中设置"油漆桶"效果参数，如图3-107所示。

图3-106　设置"变换"效果参数

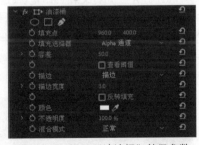

图3-107　设置"油漆桶"效果参数

步骤 07 为V2轨道上的帧定格素材添加"投影"和"基本3D"效果，在"效果控件"面板中设置"投影"效果参数，在"基本3D"效果中启用"倾斜"关键帧，添加4个关键帧，设置"倾斜"参数分别为0.0°、5.0°、-5.0°、0.0°，如图3-108所示。

步骤 08 为V1轨道上的帧定格素材添加"高斯模糊"效果，在"效果控件"面板中设置"高斯模糊"效果参数，如图3-109所示。

步骤 09 将"拍照音效"素材拖至A1轨道上，在帧定格素材编辑点位置添加"白场过渡"效果，如图3-110所示。

步骤 10 在"节目"面板中播放视频，预览定格照片效果，如图3-111所示。

图3-108　设置"投影"和"基本3D"效果参数　　　图3-109　设置"高斯模糊"效果参数

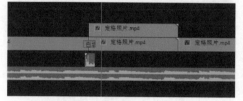

图3-110　添加音效和过渡效果　　　　　　图3-111　预览定格照片效果

3.12　制作快速翻页视频片头

优秀的短视频一般少不了精彩的片头，这样更能吸引人们的眼球与关注。使用Premiere制作一个高质量的快速翻页视频片头，具体操作方法如下。

步骤 01 打开"素材文件\第3章\快速翻页视频片头.prproj"项目文件，在时间轴面板中将时间线定位到最左侧，单击A1音频轨道中的"以此轨道为目标切换轨道"按钮 ，取消该轨道目标定位，在视频轨道中只保留V1轨道的目标定位 ，如图3-112所示。

步骤 02 按【Shift+→】组合键向右移动5帧，然后按【Ctrl+K】组合键裁剪视频素材，如图3-113所示。

图3-112　设置轨道目标定位　　　　　　图3-113　裁剪视频素材

步骤 03 采用同样的方法，继续裁剪视频素材，将视频素材裁剪为25段，如图3-114所示。要数视频片段的个数，可以将时间线定位到最左侧，然后连续按【↓】方向键逐个跳转到下一个编辑点。

步骤 04 在时间轴面板中选中第1个视频片段,按【F】键在"源"面板匹配剪辑的入点/出点范围,如图3-115所示。

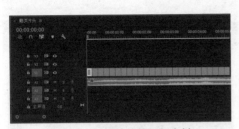

图3-114 继续裁剪视频素材

图3-115 匹配剪辑范围

步骤 05 找到要替换的片段并标记入点,然后按住【Alt】键的同时拖动"仅拖动视频"按钮 到时间轴面板的第1个视频片段上,进行视频剪辑替换,如图3-116所示。采用同样的方法,替换其他视频剪辑。

步骤 06 选中V1轨道中的所有视频剪辑,然后按住【Alt】键的同时向上拖动,将其复制到V2轨道上,如图3-117所示。

图3-116 替换视频剪辑

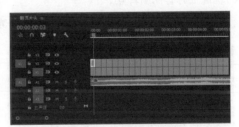

图3-117 复制视频剪辑

步骤 07 选中V2轨道中的第1个视频剪辑,为其添加"变换"效果。在"效果控件"面板中启用"变换"效果中的"位置"关键帧,在第1帧的位置添加关键帧,然后向右移动3帧添加第2个关键帧,设置第1个关键帧的y坐标参数为-360.0,取消选中"使用合成的快门角度"复选框,设置"快门角度"为200.00,如图3-118所示。

步骤 08 在"效果控件"面板中选中"变换"效果,按【Ctrl+C】组合键复制效果,然后在时间轴面板中选中V2轨道上的其他视频剪辑,按【Ctrl+V】组合键粘贴效果,如图3-119所示。

步骤 09 单击V2轨道左侧的"切换轨道锁定"按钮 ,锁定V2轨道。将时间线定位到最左侧,然后按【↓】方向键将时间线定位到第1个编辑点,然后按三次【→】方向键。使用滚动编辑工具 选中V1轨道的第1个编辑点,如图3-120所示。

步骤 10 按【E】键,即可将所选编辑点扩展到时间线位置,如图3-121所示。

图3-118　设置"变换"效果

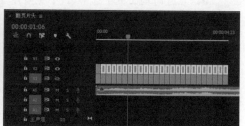

图3-119　粘贴"变换"效果

图3-120　使用滚动编辑工具选中编辑点

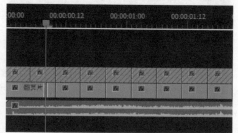

图3-121　使用滚动编辑工具修剪素材

步骤⑪ 按【↓】方向键将时间线定位到第2个编辑点,然后按3次【→】方向键前进3帧,再按【E】键修剪第2个编辑点的位置,如图3-122所示。采用同样的方法,继续修剪V1轨道上的其他编辑点。

步骤⑫ 使用选择工具修剪V1轨道上第1个剪辑的入点位置,如图3-123所示。

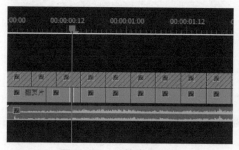

图3-122　继续修剪素材

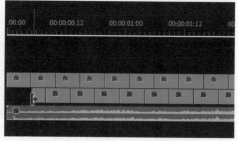

图3-123　使用选择工具修剪素材

步骤⑬ 选中V1轨道和V2轨道上的所有视频剪辑,然后用右键单击所选视频剪辑,在弹出的快捷菜单中选择"嵌套"命令,创建嵌套序列,如图3-124所示。

步骤⑭ 嵌套完成后,可以根据音频节奏的需要使用比率拉伸工具███进行调速。在V2轨道上添加视频剪辑,并在视频剪辑的开始位置添加"黑场过渡"效果,如图3-125所示。

步骤⑮ 至此,快速翻页视频片头制作完成。在"节目"面板中预览快速翻页视频片头,如图3-126所示。

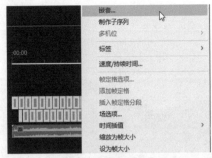 

图3-124 选择"嵌套"命令 　　图3-125 添加"黑场过渡"效果

图3-126 预览快速翻页视频片头

课后习题

1. 打开"素材文件\第3章\习题\踩点.prproj"项目文件，制作音乐踩点短视频。

2. 打开"素材文件\第3章\习题\马赛克.prproj"项目文件，为短视频添加马赛克效果，遮挡画面中的车牌。

第4章
制作短视频转场特效

在短视频剪辑中，两段视频之间的转换称为转场。转场可分为技巧转场和无技巧转场两种。技巧转场是在两段视频素材之间添加某种转场特效，使视频素材之间的转场更具创意性。无技巧转场是用镜头的自然过渡来连接上下两个镜头的内容，主要用于蒙太奇镜头之间的转换。本章将详细介绍技巧转场特效的制作方法。

学习目标

● 掌握制作穿梭转场、渐变擦除转场、主体与背景分离转场效果的方法。
● 掌握制作画面分割转场、偏移转场、光影模糊转场、光晕转场效果的方法。
● 掌握制作折叠转场、瞳孔转场、运动无缝转场、水墨转场效果的方法。
● 掌握制作无缝放大/旋转转场、旋转扭曲转场的方法。

4.1 制作经典类转场特效

在短视频后期制作中，经常会用到一些经典类的转场特效，如穿梭转场效果、渐变擦除转场效果、主体与背景分离转场效果、画面分割转场效果、偏移转场效果、光影模糊转场效果、光晕转场效果等。下面将分别介绍这些转场特效的制作方法。

⬂ 4.1.1 制作穿梭转场效果

穿梭转场效果具有时空过渡的空间感，可以使镜头之间的切换逐渐递进，整体效果逻辑感较强。在Premiere中制作穿梭转场效果的具体操作方法如下。

步骤 01 打开"素材文件\第4章\穿梭转场.prproj"项目文件，在时间轴面板的V3、V2和V1轨道上分别添加第1段、第2段和第3段视频素材，并使相邻视频素材的尾部和头部重叠一部分。选中第1段视频素材，在其尾部添加"交叉缩放"过渡效果，如图4-1所示。

步骤 02 在"效果控件"面板中启用"不透明度"效果中的"不透明度"动画，添加两个关键帧，设置"不透明度"参数分别为100.0%、0.0%，如图4-2所示。

图4-1 添加"交叉缩放"过渡效果

图4-2 编辑"不透明度"动画

步骤 03 在"项目"面板中创建调整图层，然后将调整图层添加到V4轨道上，并修剪调整图层，如图4-3所示。

步骤 04 为调整图层添加"残影"效果，在"效果控件"面板中设置"残影"效果参数，如图4-4所示。

图4-3 添加并修剪调整图层

图4-4 设置"残影"效果参数

步骤 05 在时间轴面板中添加背景音乐和转场音效素材，如图4-5所示。

步骤 06 采用同样的方法，在第2段和第3段之间制作穿梭转场效果。此时，即可在"节目"面板中预览穿梭转场效果，如图4-6所示。

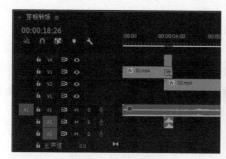

图4-5　添加音效素材

图4-6　预览穿梭转场效果

↘ 4.1.2　制作渐变擦除转场效果

渐变擦除转场是以画面的明暗作为渐变的依据，在两个镜头之间实现画面从亮部到暗部或从暗部到亮部的渐变过渡。在Premiere中制作渐变擦除转场效果的具体操作方法如下。

步骤 01 打开"素材文件\第4章\渐变擦除转场.prproj"项目文件，将视频素材分别添加到V5、V4、V3、V2和V1轨道上，使相邻的视频素材之间有重叠部分，如图4-7所示。

步骤 02 分别对视频素材尾部的重叠部分进行裁剪，选中V5轨道上重叠部分的视频素材，如图4-8所示。

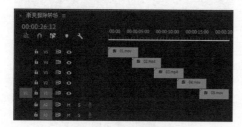

图4-7　添加视频素材

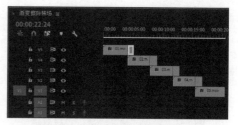

图4-8　裁剪视频素材的重叠部分

步骤 03 在"效果"面板中搜索"渐变擦除"，然后双击"渐变擦除"效果，将该效果添加到所选视频素材中，如图4-9所示。

步骤 04 在"效果控件"面板中启用"渐变擦除"效果中的"过渡完成"动画，添加两个关键帧，设置"过渡完成"参数分别为0%、100%，设置"过渡柔和度"参数为30%，如图4-10所示。选中"反转渐变"复选框，即可实现画面亮部和暗部的反向渐变效果。

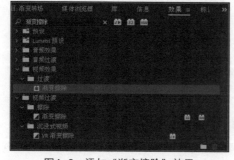

图4-9　添加"渐变擦除"效果

图4-10　设置"渐变擦除"效果参数

步骤 05 设置完成后，将"渐变擦除"效果复制到其他重叠的视频素材上。此时，即可在"节目"面板中预览渐变擦除转场效果，如图4-11所示。

图4-11　预览渐变擦除转场效果

4.1.3　制作主体与背景分离转场效果

使用Premiere中的"亮度键"效果可以抠出短视频中指定亮度的所有区域。对于短视频中主体与背景亮度反差较大的画面，使用"亮度键"效果就可以实现主体与背景的分离。在Premiere中制作主体与背景分离转场效果的具体操作方法如下。

步骤 01 打开"素材文件\第4章\主体与背景分离转场.prproj"项目文件，将"人物"和"海边"视频素材分别添加到时间轴面板的V2和V1轨道上，并修剪视频素材，如图4-12所示。

图4-12　添加视频素材

步骤 02 选中"人物"视频素材，在"效果"面板中搜索"亮度键"，双击"亮度键"效果，即可在视频素材中添加该效果，如图4-13所示。

步骤 03 在"效果控件"面板中启用"亮度键"效果中的"阈值"和"屏蔽度"动画。在"阈值"选项中添加两个关键帧，设置"阈值"参数分别为0.0%和45.0%；在"屏蔽度"选项中添加两个关键帧，设置"屏蔽度"参数分别为0.0%和60.0%，如图4-14所示。"阈值"参数用于指定透明的较暗值的范围，较高的阈值会增加透明度的范围；"屏蔽度"参数用于设置由"阈值"滑块指定的不透明区域的不透明度，较高的屏蔽度会增加透明度。

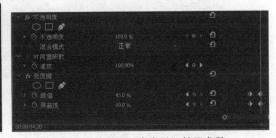

图4-13　添加"亮度键"效果　　　　图4-14　设置"亮度键"效果参数

步骤 **04** 在"节目"面板中预览主体与背景分离转场效果，在第3张图中可以看到人物腿部左侧还残留一小部分原背景的图像，如图4-15所示。

图4-15 预览主体与背景分离转场效果

步骤 **05** 在"效果控件"面板中复制并粘贴"亮度键"效果。单击钢笔工具，创建蒙版，使用钢笔工具在画面中背景没有清除干净的区域创建蒙版选区，然后在"阈值"选项中设置第2个关键帧参数为80.0%，如图4-16所示。

步骤 **06** 此时，在"节目"面板中可以看到蒙版区域的原背景已被清除干净，如图4-17所示。

图4-16 添加蒙版并设置"亮度键"效果参数

图4-17 清除蒙版区域原背景

↘ 4.1.4 制作画面分割转场效果

画面分割转场就是将前一镜头从任一位置分割并划出画面，同时显现下一镜头画面。在Premiere中制作画面分割转场效果的具体操作方法如下。

步骤 **01** 打开"素材文件\第4章\画面分割转场.prproj"项目文件，将视频素材分别添加到时间轴面板的V2和V1轨道上，使第1段视频素材的尾部和第2段视频素材的头部重叠一部分，如图4-18所示。

图4-18 添加并调整视频素材

步骤 **02** 为第1段视频素材添加"裁剪"效果，在"效果控件"面板中启用"裁剪"效果中的"左侧"动画，添加两个关键帧，设置"左侧"参数分别为0.0%、100.0%，"顶部"参数为50.0%，如图4-19所示。

步骤 03 在时间轴面板中按住【Alt】键的同时向上拖动第1段视频素材，将其复制到V3轨道上，如图4-20所示。

图4-19　设置"裁剪"效果参数

图4-20　复制视频素材

步骤 04 选中V3轨道上的视频素材，在"效果控件"面板中启用"裁剪"效果中的"右侧"动画，添加两个关键帧，设置"右侧"参数分别为0.0%、100.0%，"底部"参数为50.0%，如图4-21所示。

步骤 05 此时，即可在"节目"面板中预览画面分割转场效果，如图4-22所示。

图4-21　设置"裁剪"效果参数

图4-22　预览画面分割转场效果

↘ 4.1.5　制作偏移转场效果

偏移转场效果的制作原理是在切换镜头时，为两个镜头添加同一方向的位置移动和动态模糊。这种转场效果可以模拟相机摇镜的运镜效果，在Premiere中制作偏移转场效果的具体操作方法如下。

步骤 01 打开"素材文件\第4章\偏移转场.prproj"项目文件，将视频素材分别添加到时间轴面板中，如图4-23所示。

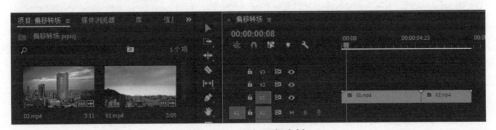

图4-23　添加视频素材

步骤 **02** 创建调整图层，将调整图层添加到V2轨道上。将时间线定位到两段视频素材之间，按4次【Shift+←】组合键，裁剪调整图层并删除左侧的部分，然后采用同样的方法裁剪调整图层右侧的部分，如图4-24所示。

步骤 **03** 在"效果"面板中搜索"偏移"，双击"偏移"效果，将其添加到调整图层中，如图4-25所示。

图4-24　添加并修剪调整图层

图4-25　添加"偏移"效果

步骤 **04** 在"效果控件"面板中启用"偏移"效果中的"将中心移位至"动画，添加两个关键帧，第1个关键帧参数保持不变，设置第2个关键帧参数中的x坐标为3200.0，y坐标为1080.0，如图4-26所示。

步骤 **05** 展开"将中心移位至"选项，调整关键帧贝塞尔曲线，如图4-27所示。

图4-26　设置"偏移"效果参数

图4-27　调整关键帧贝塞尔曲线

步骤 **06** 为调整图层添加"方向模糊"效果，在"效果控件"面板中启用"方向模糊"效果中的"模糊长度"动画，添加3个关键帧，设置"模糊长度"参数分别为0.0、100.0、0.0，如图4-28所示。

步骤 **07** 此时，即可在"节目"面板中预览偏移转场效果，如图4-29所示。

图4-28　设置"方向模糊"效果参数

图4-29　预览偏移转场效果

4.1.6 制作光影模糊转场效果

光影模糊转场就是在切换镜头时融入模糊和曝光效果，使转场效果更加自然。在Premiere中制作光影模糊转场效果的具体操作方法如下。

步骤 01 打开"素材文件\第4章\光影模糊转场.prproj"项目文件，在时间轴面板中添加视频素材，如图4-30所示。

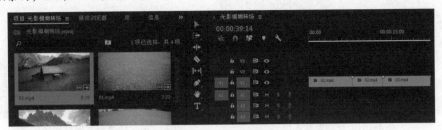

图4-30 添加视频素材

步骤 02 创建调整图层，将调整图层添加到V2轨道上，并修剪调整图层，如图4-31所示。

步骤 03 为调整图层添加"高斯模糊"效果，在"效果控件"面板中启用"高斯模糊"效果中的"模糊度"动画，添加3个关键帧，设置"模糊度"参数分别为0.0、60.0、0.0，并选中"重复边缘像素"复选框，如图4-32所示。

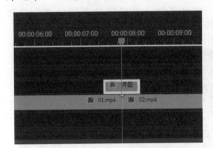 

图4-31 添加并修剪调整图层 　　图4-32 设置"高斯模糊"效果参数

步骤 04 在时间轴面板中按住【Alt】键向上拖动调整图层，将其复制到V3轨道上，如图4-33所示。

步骤 05 选中复制的调整图层，在"效果控件"面板中启用"不透明度"效果中的"不透明度"动画，添加3个关键帧，设置"不透明度"参数分别为0.0%、100.0%、0.0%，"混合模式"为"颜色减淡"，如图4-34所示。

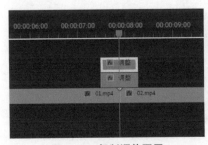 

图4-33 复制调整图层 　　图4-34 设置"不透明度"效果参数

77

步骤 06 在时间轴面板中选中两个调整图层，然后在按住【Alt】键的同时向右拖动，将其拖至第2段和第3段视频素材之间，如图4-35所示。

步骤 07 在时间轴面板中添加背景音乐和转场音效，然后在"节目"面板中预览光影模糊转场效果，如图4-36所示。

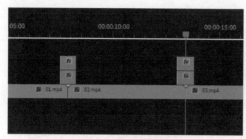
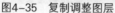

图4-35　复制调整图层

图4-36　预览光影模糊转场效果

↘ 4.1.7　制作光晕转场效果

光晕转场是在镜头切换时加入炫光效果，使镜头转场唯美梦幻。光晕转场效果的制作方法很简单，只需在镜头转场处添加光晕视频素材，并设置素材的混合模式即可。在Premiere中制作光晕转场效果的具体操作方法如下。

步骤 01 打开"素材文件\第4章\光晕转场.prproj"项目文件，在时间轴面板中添加视频素材，如图4-37所示。

图4-37　添加视频素材

步骤 02 将"光晕1"视频素材添加到V2轨道上，并将其拖至V1轨道的两个视频素材之间，如图4-38所示。

步骤 03 选中"光晕1"视频素材，在"效果控件"面板的"不透明度"效果中设置"混合模式"为"滤色"，如图4-39所示。

图4-38　添加"光晕1"视频素材

图4-39　设置"滤色"混合模式

步骤 04 在"节目"面板中预览此时的画面效果，如图4-40所示。

步骤 05 将"光晕2"视频素材添加到V3轨道上，然后采用同样的方法设置其"混合模式"为"滤色"。在V1轨道的两个视频素材之间添加"交叉溶解"过渡效果，如图4-41所示。

图4-40　预览画面效果

图4-41　添加"交叉溶解"过渡效果

步骤 06 此时，即可在"节目"面板中预览光晕转场效果，如图4-42所示。

图4-42　预览光晕转场效果

4.2　制作创意类转场特效

创意类转场特效相对于经典类转场特效更具开放性，在制作时可以根据画面中的形状、色彩、明暗等元素，通过蒙版及运动参数的灵活运用，制作出更具创意的转场效果。下面将分别介绍折叠转场效果、瞳孔转场效果、运动无缝转场效果、水墨转场效果、无缝放大/旋转转场效果、旋转扭曲转场效果的制作方法，以及如何使用第三方转场插件制作创意类转场特效。

4.2.1　制作折叠转场效果

折叠转场是在两个镜头进行切换时形成折叠翻页的过渡画面，常用于视频花絮部分。在Premiere中制作折叠转场效果的具体操作方法如下。

步骤 01 打开"素材文件\第4章\折叠转场.prproj"项目文件，在时间轴面板中添加视频素材，如图4-43所示。

步骤 02 在时间轴面板中将时间线定位到两个视频素材之间，然后按6次【Shift+←】组合键后退30帧，按【Ctrl+K】组合键裁剪第1段视频素材，如图4-44所示。

步骤 03 选中裁剪的视频素材，按【Alt+↑】组合键将其移至V2轨道，如图4-45所示。

图4-43　添加视频素材

图4-44　裁剪视频素材

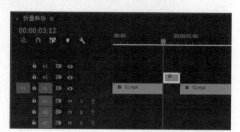

图4-45　移动视频素材

步骤 04 为所选的视频素材添加"变换"效果，在"效果控件"面板中设置"锚点"选项中x坐标参数为0.0，如图4-46所示。

步骤 05 在"节目"面板中可以看到锚点的位置移到了最左侧，如图4-47所示。

图4-46　设置"锚点"x坐标参数

图4-47　锚点移动效果

步骤 06 在"效果控件"面板中设置"位置"选项中x坐标参数为0.0，如图4-48所示。

步骤 07 在"节目"面板中可以看到画面恢复到原来位置，如图4-49所示。

图4-48　设置"位置"x坐标参数

图4-49　画面恢复到原来位置

步骤 08 在时间轴面板中删除视频素材之间的间隙，将时间线定位到V2轨道上视频素材的最右侧，选中V1轨道上的第2段视频素材，如图4-50所示。

步骤 09 为所选视频素材添加"变换"效果，在"效果控件"面板中设置"锚点"x坐标参数为1920.0，"位置"x坐标参数为1920.0，如图4-51所示。

图4-50 选中视频素材

图4-51 设置"锚点"和"位置"参数

步骤 10 在"节目"面板中可以看到视频中的锚点移到了最右侧，如图4-52所示。

步骤 11 选中V2轨道上的视频素材，在"效果控件"面板中取消选中"变换"效果中的"等比缩放"复选框，然后启用"缩放宽度"动画，添加两个关键帧，分别设置"缩放宽度"参数为100.0、0.0，如图4-53所示。

图4-52 锚点移动效果

图4-53 编辑"缩放宽度"关键帧动画

步骤 12 在时间轴面板中选中V1轨道上的第2段视频素材，在"效果控件"面板中取消选中"变换"效果中的"等比缩放"复选框，然后启用"缩放宽度"动画，添加两个关键帧，分别设置"缩放宽度"参数为0.0、100.0，如图4-54所示。

步骤 13 在"节目"面板中预览折叠转场效果，如图4-55所示。

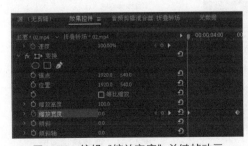

图4-54 编辑"缩放宽度"关键帧动画

图4-55 预览折叠转场效果

步骤 14 在"效果控件"面板中向左拖动第2个关键帧，调整其位置，使视频转场之间没有黑色的缝隙，然后取消选中"使用合成的快门角度"复选框，设置"快门角度"为

360.00，增加画面的动态模糊，如图4-56所示。

步骤⑮ 采用同样的方法，设置V2轨道上视频素材的"快门角度"参数，在"节目"面板中预览折叠转场效果，如图4-57所示。

图4-56　设置快门角度

图4-57　预览折叠转场效果

步骤⑯ 在时间轴面板中选中V2轨道上的视频素材，在"效果控件"面板中调整"缩放宽度"关键帧贝塞尔曲线，使其形成一个向下凹的形状，如图4-58所示。

步骤⑰ 在时间轴面板中选中V1轨道上第2段视频素材，在"效果控件"面板中调整"缩放宽度"关键帧贝塞尔曲线，使其形成一个向上凸的形状，如图4-59所示。

图4-58　调整V2轨道上视频素材
关键帧贝塞尔曲线

图4-59　调整V1轨道上第2段视频素材
关键帧贝塞尔曲线

步骤⑱ 在时间轴面板中添加背景音乐和转场音效，对V1轨道上的第2段视频素材进行裁剪，然后选中设置了转场效果的两段视频素材，如图4-60所示。

步骤⑲ 按【Ctrl+R】组合键打开"剪辑速度/持续时间"对话框，设置"速度"为150%，并选中"波纹编辑，移动尾部剪辑"复选框，然后单击"确定"按钮，即可调整转场速度，如图4-61所示。

图4-60　裁剪转场素材

图4-61　调整转场速度

4.2.2　制作瞳孔转场效果

瞳孔转场是以眼睛的瞳孔为中心点展现过渡镜头的画面内容，这种转场效果具有很强的代入感并富有创意。在Premiere中制作瞳孔转场效果的具体操作方法如下。

步骤 01 打开"素材文件\第4章\瞳孔转场.prproj"项目文件，在时间轴面板的V2和V1轨道上分别添加"眼睛"和"海鸥"视频素材，并对其进行修剪，如图4-62所示。

图4-62 添加并修剪视频素材

步骤 02 为"眼睛"视频素材添加"变换"效果，在"效果控件"面板中单击"变换"效果中的"创建椭圆形蒙版"按钮 ⬭，如图4-63所示。

步骤 03 在"节目"面板中人眼的瞳孔区域绘制并调整椭圆蒙版，如图4-64所示。

图4-63 单击"创建椭圆形蒙版"按钮

图4-64 绘制并调整椭圆蒙版

步骤 04 在"蒙版1"中启用"蒙版路径"动画，设置"蒙版羽化"参数为30.0，然后选中"蒙版1"选项，如图4-65所示。

步骤 05 在"节目"面板中逐帧预览视频，根据瞳孔大小调整蒙版路径，如图4-66所示。

图4-65 设置蒙版参数

图4-66 调整蒙版路径

步骤 06 在"效果控件"面板中设置"变换"效果中的"不透明度"参数为0.0，如

图4-67所示。

步骤07 在"节目"面板中可以看到，透过人物瞳孔显示出V1轨道上的视频画面，如图4-68所示。

图4-67　设置"不透明度"参数

图4-68　预览视频效果

步骤08 在"效果控件"面板中启用"蒙版1"的"蒙版不透明度"动画，添加两个关键帧，设置"蒙版不透明度"参数分别为100.0%和80.0%，如图4-69所示。

步骤09 为"眼睛"视频素材再添加一个"变换"效果，并启用"缩放"动画，添加两个关键帧，设置"缩放"参数分别为700.0、100.0，取消选中"使用合成的快门角度"复选框，设置"快门角度"为360.00，如图4-70所示。

图4-69　编辑"蒙版不透明度"动画

图4-70　设置"变换"效果参数

步骤10 在时间轴面板中选中"海鸥"视频素材，在"效果控件"面板中启用"运动"效果中的"缩放"动画，添加两个关键帧，关键帧的位置与上一步中"缩放"关键帧的位置相同，设置"缩放"参数分别为100.0、35.0，如图4-71所示。

步骤11 启用"位置"关键帧，根据海鸥在瞳孔中的位置调整x坐标和y坐标参数，如图4-72所示。

图4-71　编辑"缩放"动画

图4-72　编辑"位置"动画

步骤 12 此时，即可在"节目"面板中预览瞳孔转场效果，如图4-73所示。

图4-73　预览瞳孔转场效果

4.2.3　制作运动无缝转场效果

运动无缝转场是短视频中常见的转场方式之一，其制作原理是运用蒙版遮罩功能将穿过整个画面的物体边缘作为下一个画面出现的起始点，并逐渐显现下一个画面。在Premiere中制作运动无缝转场效果的具体操作方法如下。

步骤 01 打开"素材文件\第4章\运动无缝转场.prproj"项目文件，在"源"面板中预览第1段视频素材，视频内容为一个小桥栏杆从下向上、从入镜到出镜的运动镜头，栏杆将画面分为了栏杆以上和栏杆以下两部分，如图4-74所示。

步骤 02 将第1段视频素材添加到V2轨道，创建颜色为白色的"颜色遮罩"素材，并将其添加到V1轨道上，如图4-75所示。

图4-74　预览视频素材　　　　　　　　　图4-75　添加素材

步骤 03 选中视频素材，在"效果控件"面板的"不透明度"效果中单击钢笔工具，创建蒙版，启用"蒙版路径"动画，设置"蒙版羽化"参数为0.0，选中"已反转"复选框，如图4-76所示。

步骤 04 双击"节目"面板将其最大化，将播放头移至栏杆以上画面刚刚出现的位置，使用钢笔工具绘制路径，如图4-77所示。

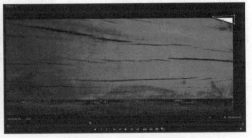

图4-76　设置蒙版参数　　　　　　　　　图4-77　绘制蒙版路径

步骤 05 滚动鼠标滚轮逐帧预览视频，并调整蒙版路径，使蒙版始终选中栏杆以上的部分，如图4-78所示。

图4-78　逐帧调整蒙版路径

步骤 06 此时，在"效果控件"面板中将自动添加"蒙版路径"关键帧，如图4-79所示。

步骤 07 按住【Alt】键的同时将第2段视频素材拖至V1轨道上，替换颜色遮罩。此时，即可在"节目"面板中预览运动无缝转场效果，如图4-80所示。

图4-79　自动添加"蒙版路径"关键帧　　　　图4-80　预览运动无缝转场效果

↘ 4.2.4　制作水墨转场效果

水墨转场是通过水墨晕染的形式进行镜头之间的切换，颇具艺术效果。在Premiere中制作水墨转场效果的具体操作方法如下。

步骤 01 打开"素材文件\第4章\水墨转场.prproj"项目文件，将"花1"视频素材拖至V2轨道，将"花2"视频素材拖至V1轨道，使两段视频素材在转场的位置有重叠部分，然后将时间线定位到V1轨道视频素材的开始位置，如图4-81所示。

图4-81　添加并调整素材

步骤 02 选中V2轨道上的视频素材，按【Ctrl+K】组合键裁剪视频素材，如图4-82所示。

步骤 03 在"项目"面板中双击"水墨素材"视频素材，在"源"面板中标记入点和出点，选择要使用的部分，如图4-83所示。

图4-82 裁剪视频素材

图4-83 标记入点和出点

步骤 **04** 将"水墨素材"视频素材添加到V3轨道上,然后选中V2轨道右侧的视频素材,如图4-84所示。

步骤 **05** 在"效果"面板中搜索"轨道",双击"轨道遮罩键"效果,将其添加到所选视频素材上,如图4-85所示。

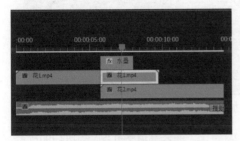

图4-84 选择视频素材

图4-85 添加"轨道遮罩键"效果

步骤 **06** 在"效果控件"面板中设置"轨道遮罩键"效果中的"遮罩"为"视频3"(即V3轨道上的"水墨素材"视频素材),设置"合成方式"为"亮度遮罩",如图4-86所示。

步骤 **07** 在时间轴面板中选中"水墨素材"视频素材,在"效果控件"面板中启用"不透明度"效果中的"不透明度"动画,然后在右侧添加两个关键帧,设置"不透明度"参数分别为100.0%、0.0%,如图4-87所示。

图4-86 设置"轨道遮罩键"效果参数

图4-87 编辑"不透明度"动画

步骤 **08** 此时,即可在"节目"面板中预览水墨转场效果,如图4-88所示。

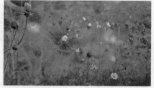

图4-88　预览水墨转场效果

↘ 4.2.5　制作无缝放大/旋转转场效果

无缝放大转场是在切换镜头时融入动态模糊和放大特效，可以模拟相机推镜的运镜效果，实现空间上的转换。在无缝放大转场效果的基础上添加旋转动画，即可形成无缝旋转转场效果。在Premiere中制作无缝放大/旋转转场效果的具体操作方法如下。

步骤01 打开"素材文件\第4章\无缝放大转场.prproj"项目文件，将视频素材依次添加到V1轨道上，如图4-89所示。

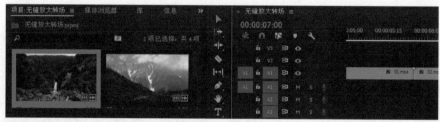

图4-89　添加视频素材

步骤02 创建调整图层，将调整图层添加到V2轨道上，并修剪调整图层，如图4-90所示。

步骤03 按住【Alt】键的同时向上拖动调整图层，复制调整图层到V3轨道，然后修剪V2轨道上的调整图层，使其只保留时间线右侧的部分，如图4-91所示。

图4-90　创建并修剪调整图层　　　　图4-91　复制并修剪调整图层

步骤04 为V2轨道上的调整图层添加"复制"效果和"镜像"效果，在"效果控件"面板中设置"复制"效果中的"计数"参数为3，如图4-92所示。

步骤05 此时，即可将视频画面在横向和纵向上均复制为3份，在"节目"面板中预览画面效果，如图4-93所示。

步骤06 在"效果控件"面板中设置"镜像"效果中"反射中心"的x坐标参数为1279.0，如图4-94所示。

步骤07 此时，在"节目"面板中可以看到画面右侧的两层图像形成对称图像，如图4-95所示。

图4-92 设置"复制"效果参数

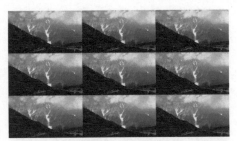

图4-93 预览画面效果

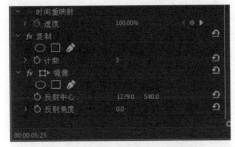

图4-94 设置"镜像"效果参数

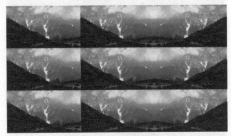

图4-95 预览画面效果

步骤 08 为调整图层添加第2个"镜像"效果,设置"反射角度"参数为90.0°,设置"反射中心"的y坐标参数为719.0,如图4-96所示。

步骤 09 在"节目"面板中可以看到画面下方的两层图像形成对称图像,如图4-97所示。

图4-96 设置"镜像"效果参数

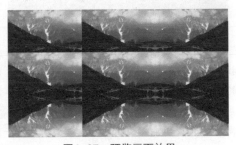

图4-97 预览画面效果

步骤 10 为调整图层添加第3个"镜像"效果,设置"反射角度"参数为180.0°,设置"反射中心"的x坐标参数为640.0,如图4-98所示。

步骤 11 在"节目"面板中可以看到画面左侧的两层图像形成对称图像,如图4-99所示。

步骤 12 为调整图层添加第4个"镜像"效果,设置"反射角度"参数为270.0°,设置"反射中心"的y坐标参数为360.0,如图4-100所示。

步骤 13 此时,在"节目"面板中可以看到画面上方的两层图像形成对称图像,如图4-101所示。

图4-98 设置"镜像"效果参数

图4-99 预览画面效果

图4-100 设置"镜像"效果参数

图4-101 预览画面效果

步骤 14 为V3轨道上的调整图层添加"变换"效果，在"效果控件"面板中启用"缩放"动画，添加两个关键帧，设置"缩放"参数分别为0.0、300.0，取消选中"使用合成的快门角度"复选框，设置"快门角度"参数为360.00，如图4-102所示。

步骤 15 选中"缩放"动画中的两个关键帧，然后用右键单击所选关键帧，在弹出的快捷菜单中选择"贝塞尔曲线"命令，如图4-103所示。

图4-102 编辑"缩放"动画

图4-103 选择"贝塞尔曲线"命令

步骤 **16** 添加背景音乐和转场音效，然后在"节目"面板中预览无缝放大转场效果，如图4-104所示。

图4-104 预览无缝放大转场效果

步骤 **17** 在无缝放大转场效果的基础上还可以快速制作无缝旋转转场效果，只需在"变换"效果中启用"旋转"动画，添加两个关键帧，设置"旋转"参数分别为0.0°和360.0°即可，如图4-105所示。

步骤 **18** 此时，即可在"节目"面板中预览无缝旋转转场效果，如图4-106所示。

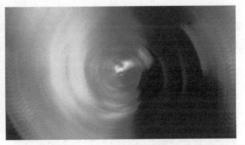

图4-105 编辑"旋转"动画　　　　　图4-106 预览无缝旋转转场效果

↘ 4.2.6 制作旋转扭曲转场效果

旋转扭曲转场是在切换镜头时快速旋转和扭曲画面，使镜头之间的过渡看起来非常炫酷。在Premiere中制作旋转扭曲转场效果的具体操作方法如下。

步骤 **01** 打开"素材文件\第4章\旋转扭曲转场.prproj"项目文件，将视频素材依次添加到V1轨道上，如图4-107所示。

图4-107 添加视频素材

步骤 **02** 创建调整图层，将调整图层添加到V2轨道上，修剪调整图层为10帧的长度，然后复制调整图层，将调整图层分别放到时间线的左右两侧，选中左侧的调整图层，如图4-108所示。

步骤 03 为调整图层添加"旋转扭曲"效果，在"效果控件"面板的"旋转扭曲"效果中设置"旋转扭曲半径"参数为30.0。启用"角度"动画，添加两个关键帧，设置"角度"参数分别为0.0°、90.0°。展开"角度"选项，调整关键帧贝塞尔曲线，分别向右拖动关键帧的调整手柄，使动画先慢后快，如图4-109所示。

图4-108 修剪调整图层

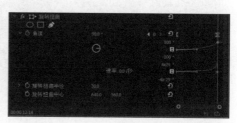

图4-109 设置"旋转扭曲"效果参数

步骤 04 在时间轴面板中为时间线右侧的调整图层添加"旋转扭曲"效果，在"效果控件"面板的"旋转扭曲"效果中设置"旋转扭曲半径"参数为30.0。启用"角度"动画，添加两个关键帧，设置"角度"参数分别为-90.0°、0.0°。展开"角度"选项，调整关键帧贝塞尔曲线，分别向左拖动关键帧的调整手柄，使动画先快后慢，如图4-110所示。

步骤 05 为时间线左侧的调整图层添加"变换"效果，在"效果控件"面板"变换"效果中启用"缩放"动画，添加两个关键帧，设置"缩放"参数分别为100.0、200.0，然后调整关键帧贝塞尔曲线，使动画先慢后快，如图4-111所示。

图4-110 设置"旋转扭曲"效果参数

图4-111 设置"变换"效果参数

步骤 06 为时间线右侧的调整图层添加"变换"效果，在"效果控件"面板的"变换"效果中启用"缩放"动画，添加两个关键帧，设置"缩放"参数分别为200.0、100.0，然后调整关键帧贝塞尔曲线，使动画先快后慢，如图4-112所示。

步骤 07 取消选中"使用合成的快门角度"复选框，设置"快门角度"参数为360.00，如图4-113所示。采用同样的方法，设置另一个调整图层的"快门角度"参数。

图4-112 设置"变换"效果参数

图4-113 设置"快门角度"参数

步骤 **08** 在V3轨道添加调整图层，并修剪调整图层的长度，如图4-114所示。

步骤 **09** 为V3轨道的调整图层添加"镜头扭曲"效果，在"效果控件"面板的"镜头扭曲"效果中启用"曲率"动画，添加3个关键帧，设置"曲率"参数分别为0、-90、0。展开"曲率"选项，调整关键帧贝塞尔曲线，如图4-115所示。

图4-114 添加并修剪调整图层的长度　　图4-115 设置"镜头扭曲"效果参数

步骤 **10** 此时，即可在"节目"面板中预览旋转扭曲转场效果，如图4-116所示。

图4-116 预览旋转扭曲转场效果

4.2.7 使用第三方转场插件

除了使用Premiere内置的视频效果设置转场外，用户还可以使用第三方转场插件制作更加精美的转场效果。在Premiere中使用第三方转场插件的具体操作方法如下。

步骤 **01** 安装第三方转场插件，或将下载的转场预设文件保存到C:\Program Files\Adobe\Adobe Premiere Pro CC 2019\Plug-Ins\Common目录下，如图4-117所示。

步骤 **02** 安装完成后，重启Premiere CC 2019，在"效果"面板中即可查看新增的视频过渡效果，如图4-118所示。

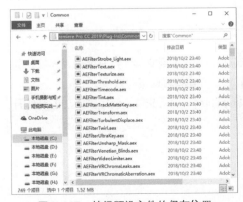

图4-117 转场预设文件的保存位置　　图4-118 查看新增的视频过渡效果

步骤 **03** 找到要使用的视频过渡效果，如图4-119所示，将其拖至时间轴面板中视频素材的衔接位置。

步骤 **04** 在时间轴面板中选中视频过渡效果，如图4-120所示。

图4-119 选择视频过渡效果

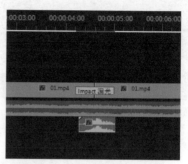

图4-120 选中视频过渡效果

步骤 **05** 在"效果控件"面板中设置视频过渡效果的各项参数，如图4-121所示。

步骤 **06** 此时，即可在"节目"面板中预览视频过渡效果，如图4-122所示。

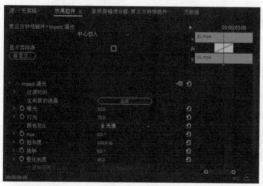

图4-121 设置视频过渡效果的各项参数

图4-122 预览视频过渡效果

课后习题

1. 打开"素材文件\第4章\习题\转场练习.prproj"项目文件，打开序列，为视频剪辑制作穿梭转场、渐变擦除转场、画面分割转场、光影模糊转场等效果。

2. 打开"素材文件\第4章\习题\开门转场.prproj"项目文件，使用蒙版功能制作开门转场效果。

第 **5** 章
短视频调色

在短视频领域有这样一句话，"无调色，不出片"，可见调色对于短视频制作的重要性。色彩的合理搭配不仅可以烘托气氛，还决定着短视频作品的风格。本章将详细介绍如何在Premiere中对短视频进行调色，以增强短视频画面的表现力和感染力，让人们在观看短视频时更容易融入其中。

学习目标

● 熟悉示波器和"Lumetri颜色"调色的基本流程。
● 掌握基本颜色校正、使用曲线调色和创意调色的方法。
● 掌握电影感青橙色调色和一键自动匹配颜色的方法。
● 掌握使用第三方调色插件调色的方法。

5.1 Lumetri颜色调色

"Lumetri颜色"是Premiere中的调色工具，它提供了基本校正、创意、曲线、色轮和匹配、HSL辅助灯等多种调色工具。在为短视频调色时，使用"Lumetri颜色"工具可以完成一级调色和二级调色。下面将介绍如何利用"Lumetri颜色"工具对短视频进行调色。

↘ 5.1.1 认识示波器

在对短视频调色的过程中，人眼长时间看一种画面就会适应当前的色彩环境，从而导致调色产生误差，所以在调色时还需要借助标准的色彩显示工具来分析色彩的各种属性。Premiere内置了一组示波器，用于帮助用户准确评估和修正剪辑的颜色。下面将介绍两种最常用的示波器。

1. RGB分量图

RGB分量图用于观察画面中红、绿、蓝的色彩平衡，并根据需要进行调整。利用分量范围，还可以轻松地找出图像中的偏色。利用RGB分量图进行调色的具体操作方法如下。

步骤 01 打开"素材文件\第5章\调色1.prproj"项目文件，在上方单击"颜色"按钮，切换为"颜色"工作区，工作区的左上方为"Lumetri范围"面板，默认为波形图，如图5-1所示。

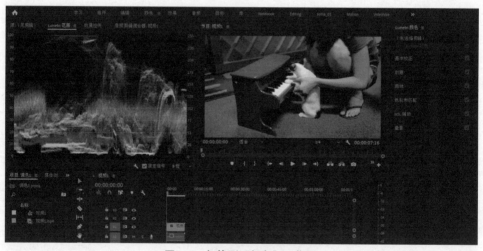

图5-1 切换到"颜色"工作区

步骤 02 用右键单击"Lumetri范围"面板，在弹出的快捷菜单中选择"分量（RGB）"命令，如图5-2所示。

步骤 03 切换为"分量（RGB）"波形图，然后再次用右键单击"Lumetri范围"面板，在弹出的快捷菜单中取消选择"波形（RGB）"命令，如图5-3所示。

图5-2 选择"分量（RGB）"命令

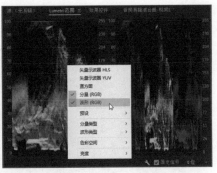

图5-3 取消选择"波形（RGB）"命令

步骤 **04** 此时，"Lumetri 范围"面板中只保留"分量（RGB）"波形图，如图5-4所示。在"分量（RGB）"波形图中，分量图左侧0～100的数值代表亮度值，从上到下大致分为高光区、中间调和阴影区。下方的0对应的是画面中的暗部，在调色时可以让下方的颜色分布接近于0，但不要低于0；上方的100是画面中最亮的区域，在调色时，可以让上方的颜色分布接近于100，但不要超过100；中间的20～80的数值为中间调的颜色分布。分量图右侧为R、G、B各通道所对应的数值，取值范围为0～255。

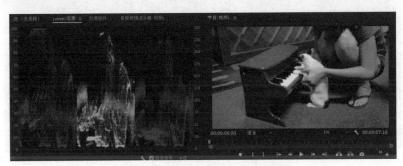

图5-4 "分量（RGB）"波形图

步骤 **05** 在窗口右侧的"Lumetri颜色"面板中展开"色轮和匹配"选项，其中提供了三个色轮，可用于单独调整阴影、中间调和高光的亮度、色相与饱和度。向下拖动"高光"色轮左侧的滑块，即可降低高光，如图5-5所示。

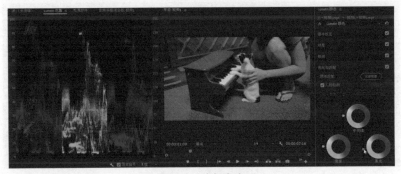

图5-5 降低高光

步骤 **06** 从图中可以看出红色的高光有些偏高，此时可以单击"高光"色轮，向红色的互补色方向（即相对方向）进行调整，如图5-6所示。

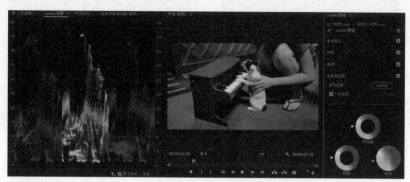

图5-6 调整高光颜色

步骤 **07** 向上拖动"中间调"色轮左侧的滑块，提高中间调的亮度。向下拖动"阴影"色轮左侧的滑块，降低阴影的亮度，如图5-7所示。

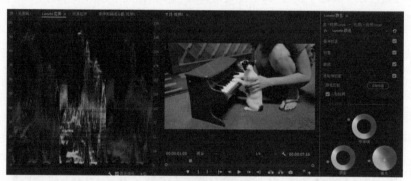

图5-7 降低阴影亮度

2. 矢量示波器YUV

在"Lumetri 范围"面板中用右键单击示波器，在弹出的快捷菜单中选择"矢量示波器YUV"命令，即可显示矢量示波器YUV，如图5-8所示。

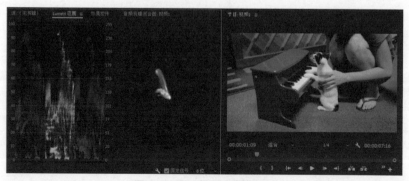

图5-8 显示矢量示波器YUV

矢量示波器YUV代表的是画面的色彩对于各种颜色的偏移状况和整体的饱和度状况。这些颜色分别为R（Red，红色）、Yl（Yellow，黄色）、G（Green，绿色）、Cy（Cyan，青色）、B（Blue，蓝色）和Mg（Magenta，品红），这六种颜色之间构成一个六边形，中间的白色区域是对画面色彩分布的直观显示。我们可以将这个六边形看成是一个色环，白色区域倾斜的方向就是画面趋近的色相，白色区域距离中心点越远，表明该方向上的饱和度越高。如果白色区域超过六边形的边线，就会出现饱和度过高的情况。

在R和Yl中间的线为"肤色线"，当用蒙版选中画面中人物的皮肤部分时，如果白色部分的分布与"肤色线"重合，表示人物肤色正常，不偏色。在图5-9中，当前的人物肤色偏黄。

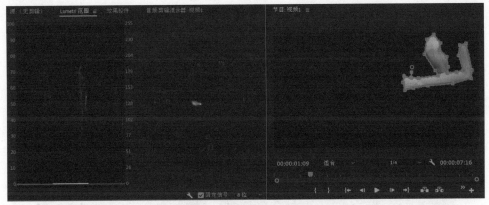

图5-9　查看人物肤色信息

根据RGB加色原理，红色+绿色=黄色，从RGB分量图中可以看到绿色较多，下面将绿色降低，还原人物肤色。在"Lumetri颜色"面板中展开"RGB曲线"选项，选择绿色曲线按钮，在绿色曲线上添加控制点并向下拖动，降低绿色值，在矢量示波器YUV中可以看到白色部分的分布与"肤色线"重合，如图5-10所示。

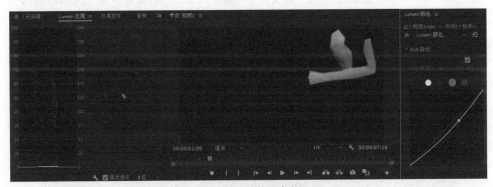

图5-10　降低绿色值

删除蒙版，查看画面整体调色效果，如图5-11所示。

图5-11　查看画面整体调色效果

↘ 5.1.2 "Lumetri颜色"调色基本流程

　　调色一般分为初级调色和二级调色。初级调色主要调整画面中的阴影、高光、白平衡、颜色偏差等，二级调色为局部调色，是对画面中的细节进行调整，如单独调整人物的肤色，调整某种颜色的饱和度，添加风格化效果等。

　　使用"Lumetri颜色"工具调色的基本流程如下。

步骤01 在"Lumetri颜色"面板上方单击"Lumetri颜色"选项左侧的 按钮，关闭调色效果，即可看到视频原来的颜色，进行颜色对比，如图5-12所示。

图5-12　关闭"Lumetri颜色"调色效果

步骤02 再次单击"Lumetri颜色"选项左侧的 按钮启用调色效果，在"Lumetri颜色"面板中展开"基本校正"选项，根据"Lumetri范围"面板中的示波器对色温、色彩、曝光、对比度、高光等参数进行调整，如图5-13所示。

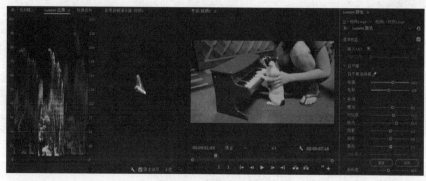

图5-13　颜色基本校正

步骤 03 在"Lumetri颜色"面板上方单击"*fx*"下拉按钮，在弹出的下拉列表中选择"重命名"选项，如图5-14所示。

步骤 04 在弹出的对话框中输入新名称"一级调色"，然后单击"确定"按钮，对当前的调色效果进行命名，如图5-15所示。

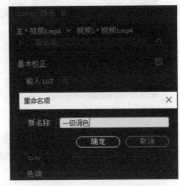

图5-14　选择"重命名"选项　　　　　　　　图5-15　输入新名称

步骤 05 再次单击"*fx*"下拉按钮，在弹出的下拉列表中选择"添加Lumetri颜色效果"选项，如图5-16所示。

步骤 06 此时，即可添加第2个Lumetri颜色效果，如图5-17所示。

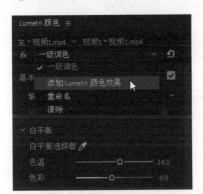

图5-16　选择"添加Lumetri颜色效果"选项　　　　图5-17　添加Lumetri颜色效果

步骤 07 添加新的"Lumetri颜色"效果后，将其重命名为"二级调色"。展开"HSL辅助"选项，该选项可以对画面中的特定颜色进行调整，而不是整个画面。在此对地毯的颜色进行调整，单击 ✏️ 按钮，然后单击画面中的地毯，吸取目标颜色，如图5-18所示。

步骤 08 在下方的颜色模式下拉列表框中选择"彩色/灰色"选项，并选中其前面的复选框，此时在画面中可以看到所选的颜色范围，目标颜色以外的其他部分都变为纯灰色，如图5-19所示。

步骤 09 单击 ✏️ 按钮，该工具可以在当前所选颜色的基础上再添加一种颜色，在画面中没有选中的地毯区域单击添加颜色，如图5-20所示。

图5-18　吸取目标颜色

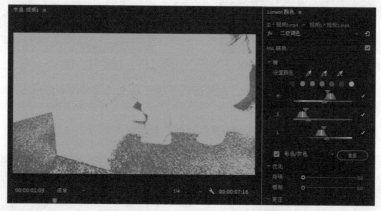

图5-19　设置"彩色/灰色"颜色模式

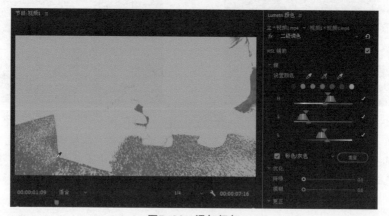

图5-20　添加颜色

步骤⑩ 此时，即可在画面中看到添加的颜色。采用同样的方法，继续添加所需的颜色，然后拖动H、S、L滑块调整和优化选区，如图5-21所示。在调整滑块时，拖动顶部的三角块可以扩展或限制范围，拖动底部的三角块可以使选定像素和非选定像素之间的过渡更加平滑。若要移动整个范围，可以拖动滑块的中心。

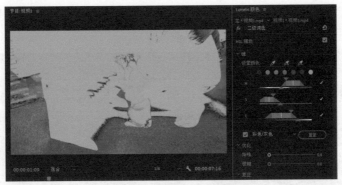

图5-21　调整H、S、L滑块

步骤⑪ 在"优化"选项中：拖动"降噪"滑块可以平滑颜色过渡，并移除选区中的所有杂色；拖动"模糊"滑块可以柔化选区的边缘，以混合选区，如图5-22所示。

图5-22　优化选区

步骤⑫ 选区确定完成后，取消选中"彩色/灰色"复选框，退出该颜色模式。在"更正"选项中进行调色，在色轮上单击可以向选区内的图像添加一种颜色，拖动左侧的滑块调整明暗程度，在下方调整色温、色彩、对比度、锐化、饱和度等参数，以精确控制颜色，如图5-23所示。

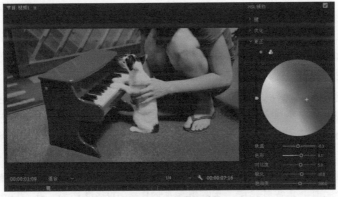

图5-23　调整颜色

步骤⑬ 单击 ▦ 按钮，切换到三色轮模式，可以单独对选区的"高光""中间调""阴影"部分进行调整，如图5-24所示。

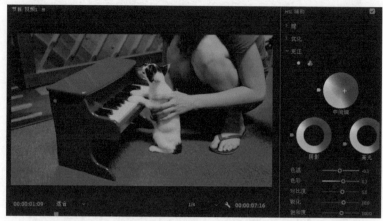

图5-24　在三色轮模式下调色

步骤⑭ 在创建地毯颜色选区时，人物的衣服也被选中了，调色完成后，可以打开"效果控件"面板，在"Lumetri颜色（二级调色）"效果中单击钢笔工具 ✎，在"节目"面板中为人物的衣服创建选区，然后在蒙版设置中选中"已反转"复选框即可，如图5-25所示。

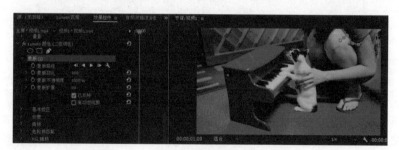

图5-25　为衣服创建蒙版选区并反选选区

↘ 5.1.3　基本颜色校正

利用"Lumetri颜色"面板中的"基本校正"功能不仅可以对视频素材进行颜色查找表（Look Up Table，LUT，一种色彩效果的预设文件）还原，还可以调整视频素材的白平衡。对短视频进行基本颜色校正的具体操作方法如下。

步骤01 打开"素材文件\第5章\基本调色.prproj"项目文件，切换到"颜色"工作区，如图5-26所示。该视频素材为用索尼相机拍摄的log模式的视频，利用该模式拍摄的视频拥有更多的高亮、阴影信息，以及更宽的色域范围，视频画面表现为低对比度、低饱和度的灰色。

步骤02 在调色前，需要使用Log to Rec.709这种类型的LUT将log模式记录的视频转换为拥有正常灰阶范围、正常对比度、正常饱和度的Rec.709标准色彩。在"Lumetri颜色"面板中展开"基本校正"选项，在"输入LUT"下拉列表中选择"浏览"选项，如图5-27所示。

步骤 03 在弹出的对话框中选择相应的LUT文件，然后单击"打开"按钮，如图5-28所示。

图5-26　预览视频素材颜色

图5-27　选择"浏览"选项

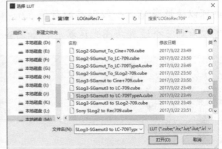

图5-28　选择LUT文件

步骤 04 此时，即可将视频颜色还原为正常的颜色，如图5-29所示。

图5-29　还原视频颜色

步骤 ⑤ 视频的白平衡反映拍摄视频时的采光条件，调整白平衡可以有效地改进视频的环境色。单击"白平衡选择器"按钮![icon]，然后单击画面中的白色或灰色区域，自动调整白平衡，如图5-30所示。也可以拖动"色温"或"色彩"滑块，手动调整白平衡。

图5-30　调整白平衡

步骤 ⑥　"曝光"选项用于调整视频的亮度，向右拖动滑块可以增加曝光，向左拖动滑块可以降低曝光。一般调整的数值在0~1，在此将"曝光"数值调整为0.5，在分量图中可以看到三个通道向高光区扩展，如图5-31所示。

图5-31　调整曝光

步骤 ⑦ 调整对比度即调整视频画面亮部与暗部的对比，可以使视频画面变得立体或扁平。在此增加对比度，将"对比度"数值调整为60.0，使画面层次感更强，细节更突出，在分量图中可以看到三个通道向上下两端扩展，如图5-32所示。

步骤 ⑧"高光"和"白色"选项均用于调整画面中较亮部分的色彩信息。为了便于比较，将"高光"数值调整为100.0，在分量图中可以看到三个通道向高光区集中，且阴影区的细节也没有丢失，如图5-33所示。

图5-32 调整对比度

图5-33 调整高光

步骤 09 恢复"高光"数值为0.0，将"白色"数值调整为100.0，在分量图中可以看到三个通道向高光区集中，阴影区的细节受到影响，如图5-34所示。

图5-34 调整白色

步骤⑩ "阴影"和"黑色"选项均用于调整画面中较暗部分的色彩信息。将"阴影"数值调整为-100.0，在分量图中可以看到三个通道的暗部和少量的亮部向阴影区集中，如图5-35所示。

图5-35　调整阴影

步骤⑪ 将"黑色"数值调整为-100.0，在分量图中可以看到三个通道向阴影区集中，且有少量的暗部信息溢出，如图5-36所示。由此可见，"阴影"和"黑色"选项都可以增加画面的暗部信息。其中"阴影"选项增加暗部信息的幅度较小，但会影响画面中的亮部信息；"黑色"选项增加暗部信息的幅度较大，但对画面亮部信息的影响较小。

图5-36　调整黑色

步骤⑫ 根据剪辑需要将曝光、对比度、高光、阴影、白色、黑色等参数调整为合适的数值，如图5-37所示。在最下方可以调整画面中所有颜色的饱和度，降低饱和度可以使画面色彩逐渐变为黑白，增加饱和度可以使画面色彩变得鲜艳。

图5-37 调整基本校正参数

↘ 5.1.4 使用曲线调色

"Lumetri颜色"工具的"曲线"功能很强大，能够快速、精准地对颜色进行调整。曲线调色分为两种类型，一种是RGB曲线调色，另一种是色相饱和度曲线调色，下面将分别对其进行介绍。

1. 使用RGB曲线调色

RGB曲线分为四种类型，分别是RGB曲线、红色曲线、绿色曲线和蓝色曲线。下面将介绍如何使用RGB曲线调色，具体操作方法如下。

步骤01 打开"素材文件\第5章\曲线调色.prproj"项目文件，切换到"颜色"工作区，在"Lumetri颜色"面板中展开"RGB曲线"选项，单击白色曲线按钮 ，切换为RGB曲线，如图5-38所示。RGB曲线用于调整画面的亮度。RGB曲线的横坐标从左到右依次代表阴影、中间调和高光，纵坐标代表亮度值。

图5-38 展开"RGB曲线"选项

步骤02 在曲线的高光区和阴影区中依次单击，添加2个控制点，然后将高光区的曲线向上提，将阴影区的曲线向下拉，使其呈"S"形，这样可以使画面亮部更亮，暗部更暗，增加画面的对比度，如图5-39所示。若要删除控制点，可以按住【Ctrl】键的同时单击控制点，在控制点上双击可以删除所有控制点。

图5-39　调整RGB曲线

步骤 03 将白色曲线最上方的线向下拖一些，降低画面曝光，如图5-40所示。

图5-40　降低曝光

步骤 04 整体的颜色调整完成后，下面调整红、绿、蓝单个通道的颜色。与白色曲线类似，红、绿、蓝三种颜色的曲线用于调整画面"高光""中间调""阴影"中相应的颜色。单击绿色曲线按钮，在曲线上添加控制点，降低绿色阴影区的颜色亮度，如图5-41所示。

图5-41　调整绿色曲线

步骤 05 单击红色曲线按钮⬤，在曲线上添加控制点，降低红色中间调的颜色亮度，如图5-42所示。

图5-42　调整红色曲线

2. 使用色相饱和度曲线调色

使用色相饱和度曲线可以对视频中基于不同类型曲线的颜色进行调整，分为色相与饱和度、色相与色相、色相与亮度、亮度与饱和度、饱和度与饱和度等曲线。使用色相饱和度曲线调色的具体操作方法如下。

步骤 01 展开"色相饱和度曲线"选项，在调色前需要对颜色进行采样，在"色相与饱和度"选项中单击滴管工具🖊，然后在画面左侧黄色区域单击取色，如图5-43所示。

图5-43　使用滴管工具取色

步骤 02 取色完成后，会出现3个控制点，中间的控制点为吸取的颜色，向左或向右拖动两侧的控制点可以调整色彩范围，双击中间的控制点可以删除控制点重新取色，如图5-44所示。

步骤 03 向下拖动中间的控制点，降低颜色饱和度，如图5-45所示。

图5-44　自动生成控制点

图5-45　降低颜色饱和度

步骤 04 使用滴管工具在鸟食盒右侧的红色区域单击吸取红色，然后向上拖动控制点，提高颜色饱和度，如图5-46所示。

图5-46　提高颜色饱和度

步骤 **05** 在"色相与色相"选项中，使用滴管工具吸取鸟食盒的颜色，然后向上拖动控制点，将颜色更改为紫色，如图5-47所示。

图5-47　更改颜色

步骤 **06** 在"色相与亮度"选项中，使用滴管工具吸取小鸟头顶羽毛中的蓝色，然后向下拖动控制点，降低蓝色的亮度，如图5-48所示。

图5-48　降低蓝色的亮度

↘ 5.1.5　创意调色

"Lumetri 颜色"面板的"创意"部分提供了各种颜色预设，用户可以使用Premiere内置的LUT或第三方颜色LUT快速调整短视频的颜色，具体操作方法如下。

步骤 **01** 将要使用的LUT文件安装或复制到文件位于Premiere安装根目录下的Lumetri\LUTs\Creative文件夹下，如图5-49所示。

步骤 **02** 重新启动Premiere，打开"素材文件\第5章\创意调色.prproj"项目文件，创建调整图层，并将其添加到视频素材上方的轨道上，如图5-50所示。

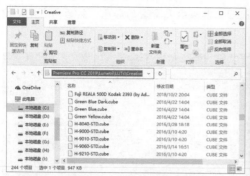

图5-49　安装LUT文件　　　　　　　　　图5-50　添加调整图层

步骤03 选中调整图层，在"Lumetri颜色"面板中展开"创意"选项，在"Look"下拉列表中选择要使用的LUT效果，如图5-51所示。

步骤04 在"创意"选项中单击预览图两侧的箭头按钮，可以逐个预览LUT效果，单击预览图即可应用该效果，如图5-52所示。

图5-51　选择LUT效果　　　　　　　　　图5-52　应用LUT效果

步骤05 此时，即可查看未使用LUT与使用LUT的调色效果对比，如图5-53所示。

图5-53　调色效果对比

步骤06 调整"强度"参数，以设置应用LUT效果的强度，向左拖动滑块可以减小效果强度，向右拖动滑块可以增加效果强度，如图5-54所示。

图5-54　调整LUT效果强度

步骤⑦ 拖动"淡化胶片"滑块，应用淡化视频效果，使画面产生雾蒙蒙的效果，如图5-55所示。

图5-55　设置"淡化胶片"效果

步骤⑧ 向右拖动"锐化"滑块，调整视频画面中边缘的清晰度，使视频中的细节显得更明显，如图5-56所示。

图5-56　设置"锐化"效果

步骤⑨ 拖动"自然饱和度"和"饱和度"滑块，调整画面色彩的浓艳程度，其中"自然饱和度"只对低饱和度的色彩进行更改，对高饱和度的颜色影响较小，如图5-57所示。

图5-57　设置"自然饱和度"和"饱和度"效果

步骤⑩ 单击"阴影色彩"色轮或"高光色彩"色轮，调整画面中阴影和高光中的色彩值，例如，在高光部分加入一些蓝色，如图5-58所示。

图5-58　使用色轮调色

5.2　短视频调色实战

下面通过三个实战案例详细介绍如何在Premiere中对短视频进行快速调色，分别是电影感青橙色调色、一键自动匹配颜色和使用第三方调色插件调色。

5.2.1　电影感青橙色调色

青橙色色调是一种流行的色调风格，在电影中经常会看到这种色调的画面。青橙色色调风格是通过适当的冷暖色对比，使画面更具质感和通透感，在有人物的画面中还能够突出人物主体。在Premiere中进行电影感青橙色调色的具体操作方法如下。

步骤① 打开"素材文件\第5章\青橙色调色.prproj"项目文件，切换到"颜色"工作区，在"Lumetri颜色"面板的"基本校正"选项中调整对比度、高光、阴影等参数，进行一级校色，如图5-59所示。

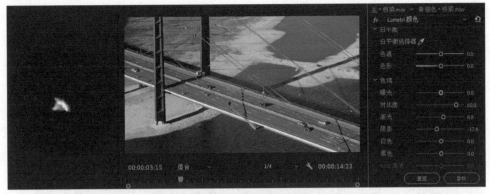

图5-59　基本颜色校正

步骤 02 展开"RGB曲线"选项，分别调整红、绿、蓝色曲线，增加对比度，如图5-60所示。

图5-60　调整红、绿、蓝色曲线

步骤 03 展开"色相饱和度曲线"选项，在"色相与色相"曲线中添加多个控制点，将蓝色向青色调整，将红色、黄色和绿色向橙色调整，如图5-61所示。

图5-61　调整"色相与色相"曲线

步骤 **04** 在"色相与饱和度"曲线中添加多个控制点，降低黄色、绿色的饱和度，如图5-62所示。

图5-62　调整"色相与饱和度"曲线

步骤 **05** 在"色相与亮度"曲线中添加多个控制点，降低黄色、绿色的亮度，如图5-63所示。

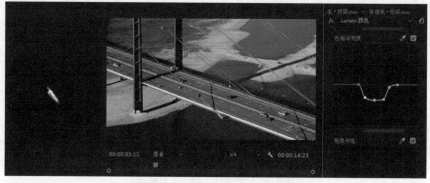

图5-63　调整"色相与亮度"曲线

步骤 **06** 展开"色轮和匹配"选项，将"中间调"和"阴影"色轮向青色调整，将"高光"颜色向橙色调整，如图5-64所示。

图5-64　使用色轮调色

步骤 **07** 展开"RGB曲线"选项，向下拖动白色曲线最右侧的控制点降低曝光，如图5-65所示。

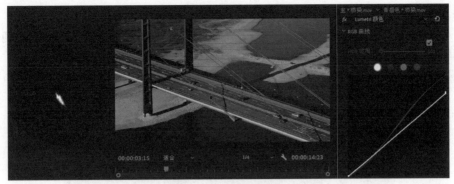

图5-65　降低曝光

步骤 08 在时间轴面板中按住【Alt】键的同时拖动视频素材，将视频素材向V2轨道上复制一份，在V2轨道视频素材的入点处添加"划出"过渡效果，如图5-66所示。

步骤 09 在"效果控件"面板中将过渡效果的持续时间设置为2秒，设置"边框宽度"为2.0，"边框颜色"为白色，如图5-67所示。

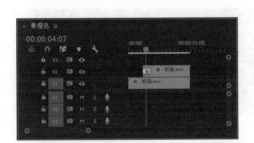

图5-66　复制视频素材并添加"划出"过渡效果

图5-67　设置"划出"过渡效果

步骤 10 关闭V1轨道中视频的"Lumetri颜色"效果，在"节目"面板中预览视频调色对比效果，如图5-68所示。

步骤 11 在"Lumetri颜色"面板中单击面板菜单按钮≣，在弹出的菜单中可以选择将当前的调色效果导出为LUT颜色预设文件，如图5-69所示。

图5-68　预览视频调色对比效果

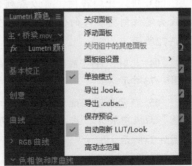

图5-69　导出调色文件

↘ 5.2.2 一键自动匹配颜色

在对短视频进行后期调色时，使用Premiere的"颜色匹配"功能可以快速统一两个不同镜头的颜色和光线，使短视频的总体色调保持一致，具体操作方法如下。

步骤 01 打开"素材文件\第5章\一键自动匹配颜色.prproj"项目文件，将"狗狗"和"工作"视频素材依次拖至时间轴面板中，然后选中"狗狗"视频素材，如图5-70所示。

图5-70　添加视频素材

步骤 02 切换到"颜色"工作区，在"Lumetri颜色"面板中展开"色轮和匹配"选项，单击"比较视图"按钮，如图5-71所示。

图5-71　单击"比较视图"按钮

步骤 03 进入比较视图，可以看到参考画面和当前画面。在参考画面下方拖动滑块，将播放头定位到要参考的位置，然后在"色轮和匹配"选项中单击"应用匹配"按钮，如图5-72所示。

步骤 04 此时，即可匹配参考画面的颜色，在色轮和明暗滑块中可以看到相应的调整，如图5-73所示。

步骤 05 颜色自动匹配完成后，用户还可根据需要对画面进行进一步调色。在"Lumetri颜色"面板中展开"基本校正"选项，从中调整"对比度""高光""阴影"等参数，如图5-74所示。

步骤 06 展开"创意"选项，从中调整"淡化胶片""自然饱和度"参数，如图5-75所示。

图5-72 单击"应用匹配"按钮

图5-73 完成颜色匹配

图5-74 基本校正调色

图5-75　创意调色

步骤 **07** 在时间轴面板中将"狗狗"视频素材复制到V2轨道上，并按照前面介绍的方法制作调色前后对比动画，如图5-76所示。

步骤 **08** 在"节目"面板中预览调色效果，如图5-77所示。

图5-76　制作调色前后对比动画

图5-77　预览调色效果

↘ 5.2.3　使用第三方调色插件调色

"红巨人"调色插件套装（Red Giant Magic Bullet Suite）是一款功能十分齐全的调色软件，包括调色师、润肤磨皮插件、电影质感调色插件、Looks调色插件、快速调色插件、降噪插件、噪波颗粒插件等。其中的Looks调色插件拥有非常强大的颜色预设功能，可以直接生成颇具电影感的调色画面。

使用Looks调色插件对短视频进行调色的具体操作方法如下。

步骤 **01** 在系统中安装"红巨人"调色插件套装，打开"素材文件\第5章\第三方插件调色.prproj"项目文件，在"效果"面板中的"视频效果"文件夹下找到RG Magic Bullet文件夹下的"Looks"效果，将其添加到时间轴中的视频素材上，如图5-78所示。

步骤 **02** 在"效果控件"面板的"Looks"效果中单击"Edit Look"按钮，如图5-79所示。

步骤 **03** 启用Magic Bullet Looks调色程序，在左下方单击"LOOKS"按钮，即可看到程序中提供的颜色预设。在左侧选择效果组，在右侧将鼠标指针放到在画面缩略图上即可预览效果，单击所需的调色效果即可应用该效果，如图5-80所示。

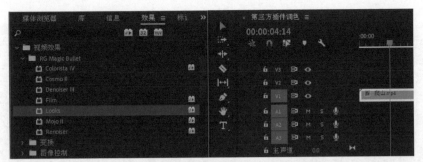

图5-78 添加"Looks"效果

图5-79 单击"Edit Look"按钮

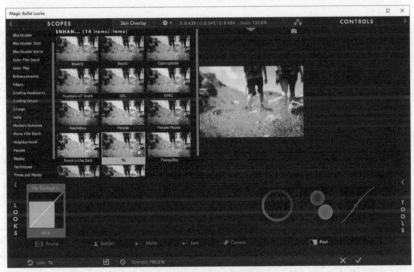

图5-80 应用颜色预设

步骤 04 在右下方单击"TOOLS"按钮，展开工具组，其中包括许多调色工具，主要分为Subject（全局调整）、Matte（局部调整）、Lens（滤镜）、Camera（摄像机调节）、Post（最终调节）5个工具组。单击"Post"按钮，将所需的调色工具拖至下方的POST工具组中，例如，拖动Shoulder工具到Post工具组中，如图5-81所示。

123

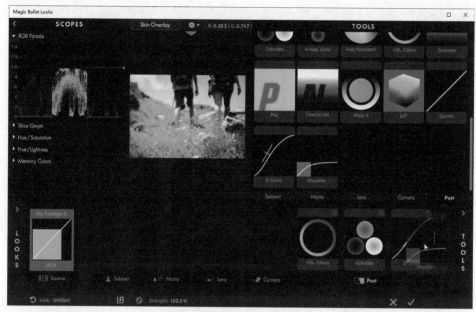

图5-81　添加Shoulder工具

步骤 05 使用Shoulder工具可以自动调整画面中过亮的部分，防止画面过曝。用户也可以选择该工具后，在右侧更改相应的参数，如图5-82所示。

图5-82　使用Shoulder工具调色

步骤 06 在下方选择HSL Colors工具，在右侧调整色相与饱和度、色相与亮度参数，调色完成后单击右下方的✓按钮，如图5-83所示。

图5-83 使用HSL Colors工具调色

步骤 07 在"效果控件"面板中调整"Looks"效果中的"Strength"参数,调整效果强度,如图5-84所示。调色完成后,单击"Looks"效果前的 *fx* 按钮,可以进行调色前后效果对比。

图5-84 调整"Looks"效果强度

课后习题

1. 打开"素材文件\第5章\习题\调色.prproj"项目文件,打开"调色1"序列,对视频素材进行基本颜色校正。

2. 打开"素材文件\第5章\习题\调色.prproj"项目文件,打开"调色2"序列,对视频素材进行青橙色调色。

第6章
短视频音频剪辑与调整

　　声音是短视频中不可或缺的一部分，在编辑短视频时，短视频创作者要根据画面表现的需要，通过背景音乐、音效、旁白和解说等手段来增强短视频的表现力。本章将详细介绍在短视频后期制作中如何进行音频的剪辑与调整。

学习目标

● 掌握同步音频和视频、添加背景音乐与录音的方法。

● 掌握调整音量、设置音轨音量和音效的方法。

● 掌握音频降噪、设置背景音乐自动回避人声、音频提取与渲染的方法。

● 掌握制作变声效果、混响效果，以及自动延长背景音乐的方法。

6.1 添加与编辑音频

Premiere中提供了强大的音频编辑工具，利用它可以在短视频中添加与编辑音频。下面将介绍如何在Premiere中进行音频的添加与编辑操作，包括同步音频和视频、添加背景音乐与录音、调整音量、设置音轨的音量和音效、音频降噪、设置背景音乐自动回避人声，以及音频的提取和渲染等。

↘ 6.1.1 同步音频和视频

在拍摄短视频时，经常需要使用专业的录音设备录制视频同期声，这样在后期制作时就需要同步音频和视频。在Premiere中同步音频和视频的具体操作方法如下。

步骤 01 打开"素材文件\第6章\同步音频和视频.prproj"项目文件，在"项目"面板中选中视频文件以及与其对应的音频文件，然后用右键单击所选文件，在弹出的快捷菜单中选择"合并剪辑"命令，如图6-1所示。

步骤 02 弹出"合并剪辑"对话框，选中"音频"单选按钮，如图6-2所示，然后单击"确定"按钮。

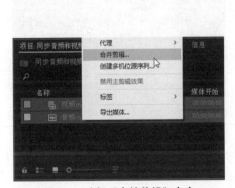

图6-1 选择"合并剪辑"命令

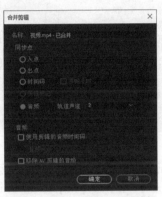

图6-2 选中"音频"单选按钮

步骤 03 此时，Premiere会自动分析视频素材中原有的音频（即使用拍摄设备录制的声音）和专业录音设备录制的音频，并将它们进行匹配，然后在"项目"面板中生成一个文件名后缀为"已合并"的素材。将该素材拖至时间轴面板中，就可以看到已同步好的音频和视频，上方的音频素材为视频原有的音频，下方的音频素材为专业录音设备录制的音频，如图6-3所示。

图6-3 同步音频和视频

步骤 04 同步完成后，删除视频原有的音频，并修剪音频素材，如图6-4所示。

图6-4　修剪音频素材

步骤 05 除了通过"合并剪辑"功能自动同步音频和视频外，还可以手动同步音频和视频。在"项目"面板中双击视频素材，在"源"面板中预览视频，单击➕按钮，如图6-5所示。

步骤 06 在"源"面板中仅显示音频，将时间线定位到波形变化较大的位置，按【M】键添加标记，如图6-6所示。

 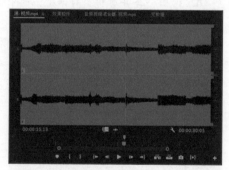

图6-5　单击➕按钮　　　　　　　　图6-6　添加标记1

步骤 07 在"项目"面板中双击音频文件，在"源"面板中将时间线定位到相应的波形变化较大的位置，按【M】键添加标记，如图6-7所示。

步骤 08 将视频素材拖至时间轴面板中创建序列，然后将音频素材拖至A2音频轨道上。在时间轴面板中按住【Shift】键同时选中视频素材和A2轨道上的音频素材，然后用右键单击所选素材，在弹出的快捷菜单中选择"同步"命令，如图6-8所示。

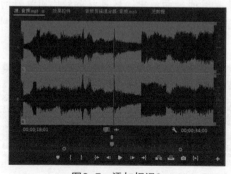 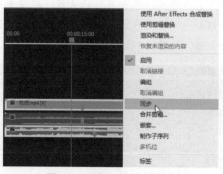

图6-7　添加标记2　　　　　　　　图6-8　选择"同步"命令

步骤 09 弹出"同步剪辑"对话框，选中"剪辑标记"单选按钮，在右侧的在下拉列表框中选择标记，然后单击"确定"按钮，如图6-9所示。

步骤 10 此时，即可在标记位置同步音频和视频，如图6-10所示。

图6-9 设置同步点

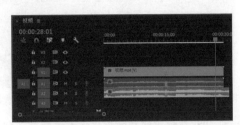

图6-10 同步音频和视频

↘ 6.1.2 添加背景音乐与录音

在Premiere中可以为短视频添加背景音乐，还可以录制画外音，具体操作方法如下。

步骤 01 打开"素材文件\第6章\添加与调整音频.prproj"项目文件，将视频素材拖至时间轴面板中创建序列，将背景音乐素材拖至A2音频轨道上，并修剪音频素材，如图6-11所示。

图6-11 添加并修剪背景音乐

步骤 02 单击"编辑"|"首选项"|"音频硬件"命令，弹出"首选项"对话框，在"默认输入"下拉列表框中选择音频输入设备，如图6-12所示。

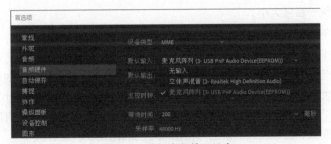

图6-12 选择音频输入设备

步骤 03 在左侧选择"音频"选项，在右侧选中"时间轴录制期间静音输入"复选框，该设置可以避免录音时出现回音现象，如图6-13所示，然后单击"确定"按钮。

步骤 04 在时间轴面板A1轨道头部用右键单击"画外音录制"按钮🎤，在弹出的快捷菜单中选择"画外音录制设置"命令，如图6-14所示。

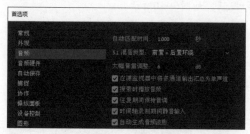

图6-13　选中"时间轴录制期间静音输入"复选框　　图6-14　选择"画外音录制设置"命令

步骤 05 在弹出的对话框中设置音频"名称""源""输入""倒计时声音提示"等选项，然后单击"关闭"按钮，如图6-15所示。

步骤 06 单击"画外音录制"按钮🎤，使用话筒录制两段音频，录制完成后再次单击🎤按钮，效果如图6-16所示。

图6-15　"画外音录制设置"对话框　　　　　　图6-16　录制音频

↘ 6.1.3　调整音量

在Premiere中编辑短视频音频时，有些短视频创作者以为自己听到的声音音量就是该短视频最终的音量，但当把短视频上传到短视频平台或放到其他设备上播放时，发现短视频的音量与自己原本听到的音量并不一致，这就需要在编辑音频时将音量调到合适的大小。

下面将介绍如何在Premiere中监视音频音量、调整音频剪辑音量、调整音频剪辑局部音量，以及统一音量大小。

1．监视音频音量

在调整音量前，我们要清楚音频剪辑的音量大小。时间轴面板右侧有一个"音频仪表"面板，当播放音频时，该面板中的绿色长条会上下浮动，显示实时的音量大小。"音频仪表"面板的刻度单位是"分贝"（dB），最高为0 dB，分贝越小，音量越低。当分贝值在-12 dB刻度上下浮动时，表示音频的音量是合理的，当分贝值超过0 dB时，容易引起爆音现象，音频仪表的最上方将出现红色的粗线表示警告。

在时间轴面板A1轨道头部单击"独奏轨道"按钮 S ，将其他音频轨道设置为静音，如图6-17所示。按空格键播放音频，从"音频仪表"面板中可以看到当前音量为-24 dB，音量明显过小，如图6-18所示。

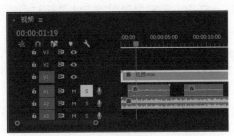
图6-17　单击"独奏轨道"按钮

图6-18　"音频仪表"面板

2. 调整音频剪辑音量

短视频创作者可以通过以下4种方法调整音频剪辑的音量。

方法01 在Premiere窗口上方单击"音频"按钮，切换到"音频"工作区，在时间轴面板中双击A1轨道将其展开，播放音频，并向上拖动音频中的音量线增加音量，在"音频仪表"面板中实时查看调整后的音量大小，如图6-19所示。默认音量调整的最大级别为6 dB，若要更改此数值，可以单击"编辑"|"首选项"|"音频"命令，在弹出的对话框中设置"大幅音量调整"选项，如图6-20所示，设置完成后单击"确定"按钮。

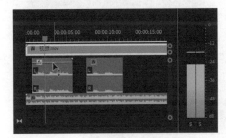
图6-19　拖动音量线调整音量

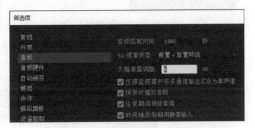
图6-20　设置"大幅音量调整"选项

方法02 在时间轴面板中选中音频剪辑，打开"效果控件"面板，在"音量"选项中调整"级别"参数增加音量，如图6-21所示。

方法03 打开"音频剪辑混合器"面板，拖动"音频1"轨道中的滑块调整音量级别，如图6-22所示。

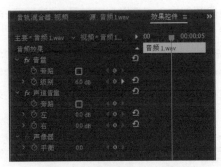
图6-21　调整音量级别参数

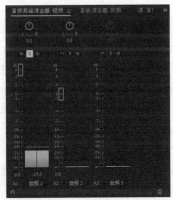
图6-22　拖动音量滑块

以上3种方法调整音量大小的效果是一样的，通常最简便的方法是在时间轴面板中调整。

方法 04 使用"音频增益"功能也可以调整音频剪辑的音量，将音量级别恢复为0，在时间轴面板中选中音频剪辑，用右键单击所选的音频剪辑，在弹出的快捷菜单中选择"音频增益"命令，如图6-23所示。

弹出"音频增益"对话框，在下方可以看到当前的"峰值振幅"为-23.4 dB，要将其调为-12 dB左右，需要增加12 dB，选中"调整增益值"单选按钮，设置值为12 dB，然后单击"确定"按钮，如图6-24所示。

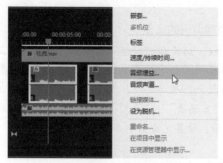

图6-23　选择"音频增益"命令　　　　图6-24　调整增益值

在时间轴面板中播放音频，在"音频仪表"面板中查看此时的音量大小，如图6-25所示。

图6-25　查看音量大小

3. 调整音频剪辑局部音量

除了整体调整音频剪辑的音量大小外，短视频创作者还可以利用音量关键帧调整音频剪辑局部音量的大小，具体操作方法如下。

步骤 01 在时间轴面板中展开背景音乐所在的轨道，按住【Ctrl】键的同时在音量线上单击，添加关键帧，在此添加两个音量关键帧，如图6-26所示。

步骤 02 在第1个关键帧的左侧、第2个关键帧的右侧分别添加一个音量关键帧，如图6-27所示。

步骤 03 分别向下拖动中间的两个音量关键帧，以降低该区域的音量，如图6-28所示。

步骤 04 按【P】键调用钢笔工具，在背景音乐剪辑中拖动鼠标框选所有音量关键帧，然后按【Delete】键删除音量关键帧，如图6-29所示。

图6-26 添加音量关键帧

图6-27 继续添加音量关键帧

图6-28 降低区域音量

图6-29 框选并删除音量关键帧

步骤 05 短视频创作者还可以在播放音频的同时根据音频效果调整音量，让系统添加自动音量关键帧。打开"音频剪辑混合器"面板，在"音频2"轨道中单击"写关键帧"按钮 ，如图6-30所示。

步骤 06 按空格键播放音频，在音频播放过程中，根据需要在"音频剪辑混合器"面板中拖动"音频2"轨道的"音量"滑块，系统即可添加自动音量关键帧。再次按空格键暂停播放，在"时间轴"面板中可以看到添加的自动音量关键帧，如图6-31所示。

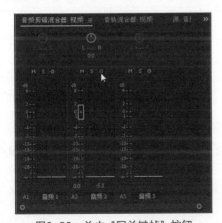

图6-30 单击"写关键帧"按钮

图6-31 添加的自动音量关键帧

步骤 07 如果觉得添加的自动音量关键帧过多，可以设置音量关键帧的最小时间间隔。单击"编辑"|"首选项"|"音频"命令，在弹出的对话框中选中"减少最小时间间隔"复选框，设置"最小时间"为200毫秒（默认为20毫秒），如图6-32所示。设置完成后，单击"确定"按钮。

步骤 08 重新在A2音频轨道添加自动音量关键帧，可以看到自动音量关键帧的数量明显减少了，如图6-33所示。

图6-32　设置最小时间间隔

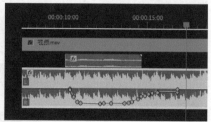

图6-33　优化自动音量关键帧效果

4. 统一音量大小

在Premiere中可以为不同音量的录音片段统一音量大小，具体操作方法如下。

步骤 01 在A1轨道上用右键单击第2段音频，在弹出的快捷菜单中选择"音频增益"命令，如图6-34所示。

步骤 02 弹出"音频增益"对话框，选中"调整增益值"单选按钮，设置值为-12 dB，然后单击"确定"按钮，如图6-35所示。

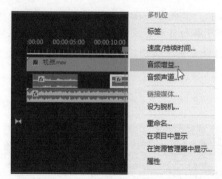

图6-34　选择"音频增益"命令

图6-35　调整增益值

步骤 03 在A1音频轨道中可以看到第2段音频的波形高度明显降低了，按住【Shift】键的同时选中两段音频素材，如图6-36所示。

步骤 04 在右侧的"基本声音"面板中单击"对话"按钮，将音频剪辑设置为"对话"音频类型，如图6-37所示。

步骤 05 进入"对话"选项卡，展开"响度"选项，单击"自动匹配"按钮，如图6-38所示。

步骤 06 此时，即可将所选音频剪辑的音量调整为"对话"的平均标准响度，在时间轴面板中查看音量效果，如图6-39所示。

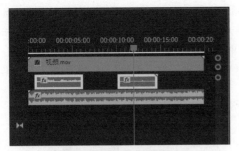

图6-36　选择音频素材

图6-37　单击"对话"按钮

图6-38　单击"自动匹配"按钮

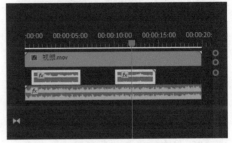

图6-39　查看音量效果

↘ 6.1.4　设置音轨的音量和音效

音轨音量与音频剪辑音量的调整是相互独立的，所以在对音频剪辑进行移动、替换、剪辑、调整音量等操作时不会影响音轨。在Premiere中设置音轨音量，以及为音轨中的音频剪辑应用音效，具体操作方法如下。

步骤 01 双击背景音乐所在的A2轨道将其展开，单击"显示关键帧"下拉按钮，在弹出的下拉列表中选择"轨道关键帧"|"音量"选项，如图6-40所示。

步骤 02 此时，即可显示轨道音量关键帧。使用此关键帧可以调整整个音轨的音量，在关键帧线上添加两个关键帧，并将第1个关键帧的音量降低为0，即可设置音乐的淡入效果，如图6-41所示。

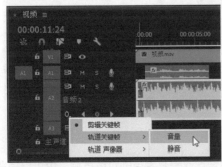

图6-40　显示轨道音量关键帧

图6-41　添加并调整音量关键帧

步骤03 打开"音轨混合器"面板，单击左上方的"显示/隐藏效果和发送"按钮，如图6-42所示。

步骤04 在"音频1"轨道上方的灰色面板中单击右上方的"效果选择"下拉按钮，在弹出的下拉列表中选择"混响"|"卷积混响"选项，为"音频1"轨道添加"卷积混响"效果，如图6-43所示。

图6-42 单击"显示/隐藏效果和发送"按钮

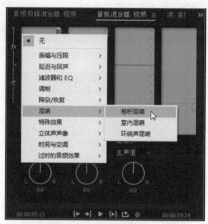

图6-43 添加"卷积混响"效果

步骤05 用右键单击"卷积混响"效果，在弹出的快捷菜单中选择"公共开放电视"效果预设，如图6-44所示。

步骤06 拖动效果下方控件上的指针，设置"混合"比率，如图6-45所示。也可以双击音频效果名称，打开该效果的对话框，设置更多高级选项。

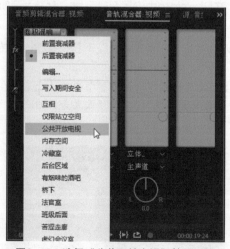

图6-44 选择"公共开放电视"效果预设

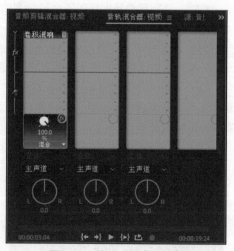

图6-45 设置"混合"比率

↘ 6.1.5 音频降噪

使用Premiere的降噪和减少混响功能可以快速改善有噪声的对话音频，也可以结合

Adobe Audition程序快速为音频降噪，具体操作方法如下。

步骤 01 在时间轴面板中选中A1轨道上的音频素材，如图6-46所示。

步骤 02 在"基本声音"面板的"对话"选项卡下设置"减少杂色""降低隆隆声""消除齿音""减少混响"等降噪参数，也可以在播放音频的过程中拖动相应的滑块，找到最佳的降噪参数，如图6-47所示。设置降噪参数，即可为音频应用相应的降噪和去混响音频效果。

图6-46　选择音频素材

图6-47　设置降噪参数

步骤 03 短视频创作者还可以借助Adobe Audition音频编辑软件快速对音频进行降噪。在A1轨道上用右键单击第2段音频素材，在弹出的快捷菜单中选择"在Adobe Audition中编辑剪辑"命令，如图6-48所示。

步骤 04 此时，即可启动Audition程序（需先安装该程序）。在"编辑器"面板中选中纯噪声音频片段，然后用右键单击所选音频片段，在弹出的快捷菜单中选择"捕捉噪声样本"命令，如图6-49所示。

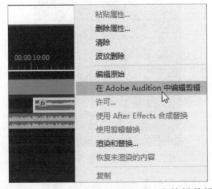

图6-48　选择"在Adobe Audition中编辑剪辑"
命令

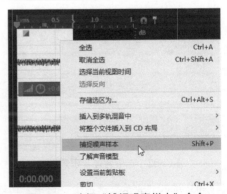

图6-49　选择"捕捉噪声样本"命令

步骤 05 单击"效果"|"降噪/恢复"|"降噪（处理）"命令，在弹出的"效果-降噪"对话框中单击"选择完整文件"按钮，然后单击"应用"按钮，如图6-50所示。

步骤 06 在"编辑器"面板中播放音频，查看音频降噪效果，如图6-51所示。降噪完成后，按【Ctrl+S】组合键保存文件，然后关闭Adobe Audition程序。

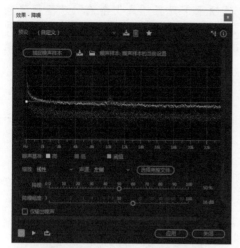

图6-50 单击"选择完整文件"按钮

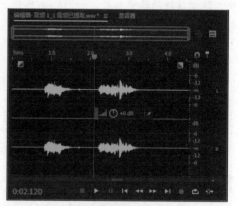

图6-51 查看音频降噪效果

↘ 6.1.6 设置背景音乐自动回避人声

利用Premiere的"回避"功能可以在包含对话的短视频中自动降低背景音乐的音量，突出人声，具体操作方法如下。

步骤 01 在时间轴面板中选中背景音乐素材，如图6-52所示。

步骤 02 在"基本声音"面板中单击"音乐"按钮，如图6-53所示。

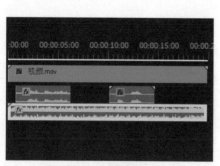

图6-52 选中背景音乐素材

图6-53 单击"音乐"按钮

步骤 03 进入"音乐"选项卡，选中"回避"选项右侧的复选框，启用"回避"功能，设置"回避依据""敏感度""降噪幅度""淡化"等参数，然后单击"生成关键帧"按钮，如图6-54所示。

步骤 04 此时，即可在背景音乐中自动添加音量关键帧，并进行"对话"回避调整，包含对话的部分将自动降低背景音乐的音量，如图6-55所示。

图6-54　设置"回避"选项　　　　　　　　图6-55　查看"回避"效果

↘ 6.1.7　音频的提取与渲染

　　在Premiere中将视频中包含的音频提取为新的音频文件，以及将包含音效的音频剪辑提取为新的音频文件，具体操作方法如下。

步骤 **01** 打开"素材文件\第6章\音频的提取与渲染.prproj"项目文件，在时间轴面板中为音频素材添加关键帧并调整音量，设置声音淡入淡出效果，如图6-56所示。

步骤 **02** 在"基本声音"面板中单击"预设"下拉按钮，在弹出的下拉列表中选择"环境"|"室内环境声"选项，为音频添加混响效果，如图6-57所示。

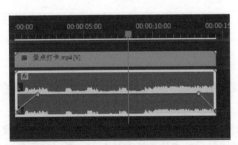

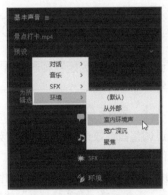

图6-56　调整音频音量　　　　　　　　　图6-57　添加混响效果

步骤 **03** 用右键单击音频素材，在弹出的快捷菜单中选择"渲染和替换"命令，如图6-58所示。

步骤 **04** 此时，即可将添加音效的音频素材提取出来，在"项目"面板中可以查看提取的音频文件，如图6-59所示。

步骤 **05** 若想把视频素材中包含的音频分离出来，可以在"项目"面板中选中视频素材，然后单击"剪辑"|"音频选项"|"提取音频"命令，如图6-60所示。

步骤 **06** 此时，在"项目"面板中可以查看提取出的音频文件，如图6-61所示。

图6-58　选择"渲染和替换"命令

图6-59　查看提取的音频文件

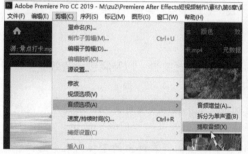

图6-60　单击"提取音频"命令

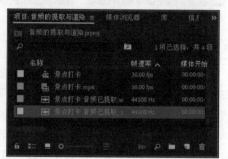

图6-61　查看提取的音频文件

6.2　制作音频效果

下面将介绍如何为短视频制作音频效果，包括变声效果、混响效果，以及自动延长背景音乐。

⊿ 6.2.1　制作变声效果

通过调整音频效果参数可以使音频达到变声的效果，在Premiere中制作变声效果的具体操作方法如下。

步骤01 打开"素材文件\第6章\制作变声效果.prproj"项目文件，在"效果"面板中搜索"音高"，然后将"音高换挡器"效果拖至时间轴面板中的音频素材上，如图6-62所示。

步骤02 在"效果控件"面板中展开"音高换挡器"效果中的"各个参数"选项，然后拖动滑块调整"变调比率"，向右拖动滑块可以使声音变得尖锐，向左拖动滑块可以使声音变得低沉，在此调整"变调比率"为0.75，使音频中的女声变为男声，如图6-63所示。在调整音频效果参数时，可以播放音频实时查看效果。

步骤03 在"音高换挡器"效果中单击"编辑"按钮，在弹出的对话框中选中"高精度"单选按钮，然后关闭对话框，如图6-64所示。

步骤04 还可以在Audition程序中设置音频变调。在时间轴面板中用右键单击音频素材，在弹出的快捷菜单中选择"在Adobe Audition中编辑剪辑"命令，如图6-65所示。

图6-62　添加"音高换挡器"效果

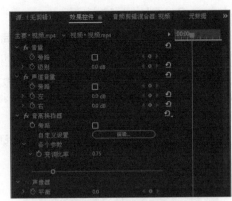

图6-63　调整变调比率

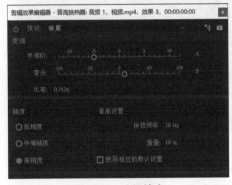

图6-64　选择精度

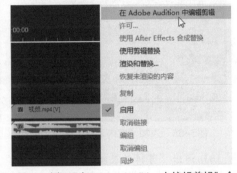

图6-65　选择"在Adobe Audition中编辑剪辑"命令

步骤 05 在Audition程序中打开音频素材，单击"效果"|"时间与变调"|"变调器（处理）"命令，在弹出的对话框中选择所需的预设效果，如选择"古怪"选项，如图6-66所示。

步骤 06 在"编辑器"面板中根据需要调整变调曲线，用右键单击曲线的控制点，在弹出的快捷菜单中可以选择删除控制点，在曲线上单击可以添加控制点，如图6-67所示。调整完成后，在"效果 – 变调器"对话框中单击"应用"按钮，然后按【Ctrl+S】组合键保存文件。

图6-66　选择"古怪"选项

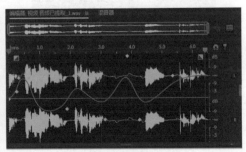

图6-67　调整变调曲线

↘ 6.2.2 制作混响效果

为音频文件添加混响效果可以模拟不同环境下的音效效果，增强声音的临场感。在Premiere中制作混响效果的具体操作方法如下。

步骤01 打开"素材文件\第6章\制作混响效果.prproj"项目文件，在"效果"面板中搜索"混响"，然后将"室内混响"效果拖至时间轴面板中的音频素材上，如图6-68所示。

步骤02 在"效果控件"面板中单击"室内混响"效果中的"编辑"按钮，如图6-69所示。

图6-68 添加"室内混响"效果

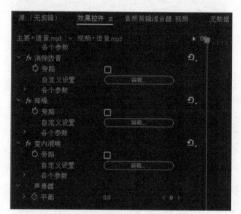

图6-69 单击"编辑"按钮

步骤03 弹出"剪辑效果编辑器-室内混响"对话框，在"预设"下拉列表中选择要使用的混响效果，如选择"大厅"选项，如图6-70所示。

步骤04 播放音频预览混响效果，若不理想，可以尝试调整"输出电平"中的"干""湿"参数来达到自己想要的混响效果，如图6-71所示。也可以在Audition程序的"效果组"面板中为音频添加更多的混响效果。

图6-70 选择"大厅"选项

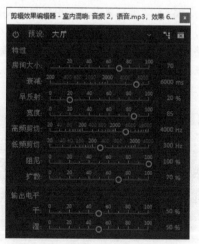

图6-71 设置"室内混响"参数

↘ 6.2.3 自动延长背景音乐

在为短视频添加背景音乐时，若背景音乐的长度小于视频的长度，就需要复制多个背景音乐剪辑进行拼接。这样的操作较为烦琐，且剪辑衔接处音频过渡也会略显生硬。这时，我们可以利用Audition的"重新混合"功能来调整背景音乐的长度，以适应视频的长度，具体操作方法如下。

步骤01 打开"素材文件\第6章\自动延长背景音乐.prproj"项目文件，在"项目"面板中双击背景音乐素材，在"源"面板中标记要使用的音乐部分的入点和出点，如图6-72所示。

步骤02 将背景音乐素材拖至时间轴面板的A2轨道上，可以看到视频长度远大于背景音乐的长度，如图6-73所示。

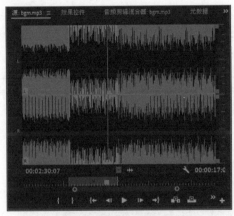

图6-72 标记入点和出点

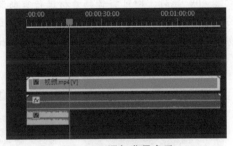

图6-73 添加背景音乐

步骤03 在时间轴面板中用右键单击背景音乐素材，在弹出的快捷菜单中选择"在Adobe Audition中编辑剪辑"命令，启动Audition程序，如图6-74所示。

步骤04 按【Ctrl+N】组合键，弹出"新建多轨会话"对话框，设置与音频素材一致的采样率，在此设置"采样率"为44 100 Hz，然后单击"确定"按钮，如图6-75所示。

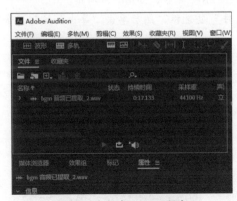

图6-74 启动Audition程序

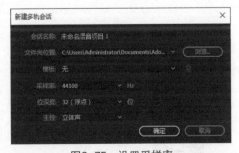

图6-75 设置采样率

步骤05 将音频素材拖至"轨道1"上，在"轨道1"上选中音频素材，如图6-76所示。

步骤06 在"属性"面板中展开"重新混合"选项，单击"启用重新混合"按钮，如图6-77所示。

图6-76　添加音频素材　　　　　　　　图6-77　单击"启用重新混合"按钮

步骤07 设置与视频长度基本一致的目标持续时长，在"高级"选项中设置"编辑长度"参数，"短"可以产生更短的片段，但过渡更多，而"长"可以产生最长的乐章和数量最少的片段，以尽量减少过渡，如图6-78所示。

步骤08 此时，即可将音频素材进行重新混合。"重新混合"功能使用节拍检测、内容分析和频谱源分隔技术来确定音乐中的过渡点，然后重新排列乐章以创建合成。在"音频1"轨道上查看重新混合后的音乐效果，如图6-79所示。

图6-78　设置目标持续时间　　　　　　图6-79　查看重新混合后的音乐

步骤09 单击"多轨"|"导出到Adobe Premiere Pro"命令，如图6-80所示。

步骤10 在弹出的对话框中选中"立体声文件"复选框，然后单击"导出"按钮，如图6-81所示。

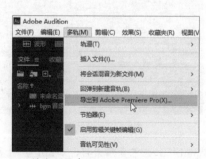

图6-80　单击"导出到Adobe Premiere Pro"命令　　图6-81　选中"立体声文件"复选框

步骤 ⑪ 返回Premiere窗口，将弹出"复制Adobe Audition轨道"对话框，在"复制到活动序列"下拉列表框中选择"音频3"选项，然后单击"确定"按钮，如图6-82所示。

步骤 ⑫ 此时，即可将重新混合的背景音乐添加到A3轨道上，如图6-83所示。

图6-82 选择"音频3"选项

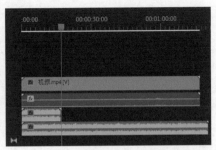

图6-83 添加重新混合的背景音乐

课后习题

1. 打开"素材文件\第6章\习题\调整音频.prproj"项目文件，在短视频中录制音频，分别调整背景音乐与录音的音量，并设置背景音乐自动回避人声。

2. 打开"素材文件\第6章\习题\变声与混响.prproj"项目文件，为音频添加变声与混响效果。

第 7 章

使用After Effects制作短视频特效

　　After Effects是由Adobe公司推出的一款图形视频处理软件，用于2D和3D合成、动画制作和视觉特效的合成，属于层类型后期制作软件。本章将由浅入深地介绍如何使用After Effects制作短视频片头动画和文字动画特效。

学习目标

- 掌握使用After Effects制作短视频片头动画的方法。
- 掌握书写文字特效和文字抖动特效的制作方法。
- 掌握文字描边发光特效和文字实景合成特效的制作方法。

7.1　制作短视频片头动画

下面介绍使用After Effects制作一个短视频片头动画，其中涉及在After Effects中制作短视频特效的各种基本操作。该案例的制作过程包括新建项目与创建合成、制作遮罩层动画、添加文字并制作动画、制作整体动画，以及替换素材并导出视频。

↘ 7.1.1　新建项目与创建合成

合成是动画的框架，每个合成均有其时间轴，类似于Premiere中的序列。下面将介绍如何在After Effects中新建项目并创建合成，具体操作方法如下。

步骤01 启动After Effects，在"项目"面板中双击鼠标左键，如图7-1所示。

步骤02 弹出"导入文件"对话框，选中要导入的图片，然后单击"导入"按钮，即可将图片素材导入"项目"面板中，如图7-2所示。

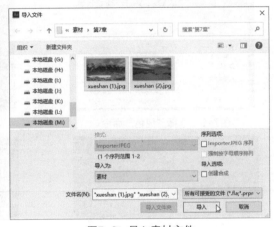

图7-1　"项目"面板　　　　　　　　　　　图7-2　导入素材文件

步骤03 按【Ctrl+S】组合键打开"另存为"对话框，设置项目文件的保存位置，输入文件名，然后单击"保存"按钮，如图7-3所示。

步骤04 在"项目"面板中单击"新建合成"按钮 ，在弹出的"合成设置"对话框中输入合成名称，设置"宽度"为1920 px，"高度"为1080 px，"帧速率"为25帧/秒，"持续时间"为5秒，如图7-4所示。单击"确定"按钮，即可创建合成。

步骤05 用鼠标右键单击时间轴面板的图层控制区域，在弹出的快捷菜单中选择"新建"|"纯色"命令，如图7-5所示。

步骤06 弹出"纯色设置"对话框，设置颜色为白色，然后单击"确定"按钮，如图7-6所示。

步骤07 此时，在时间轴面板的图层控制区域可以看到创建的纯色图层，如图7-7所示。若要重新修改纯色图层的颜色，可以选择纯色图层后单击"图层"|"纯色设置"命令。

步骤08 采用同样的方法新建"图片1"合成，并将"xueshan（1）"图片素材拖至时间轴面板中，然后选中图片图层，如图7-8所示。

图7-3 "另存为"对话框

图7-4 设置合成参数

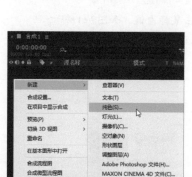

图7-5 选择"纯色"命令

图7-6 "纯色设置"对话框

图7-7 创建纯色图层

图7-8 新建"图片1"合成并添加图片

步 骤 09 按【Ctrl+Alt+F】组合键，或者用鼠标右键单击图片图层，在弹出的快捷菜单中选择"变换"|"适合复合"命令，使图片大小自动适应合成大小，在"合成"面板中预览效果，如图7-9所示。

步 骤 10 选择"合成1"时间轴面板，将"图片1"合成从"项目"面板拖至时间轴面板中，如图7-10所示。

图7-9 设置图片大小

图7-10 添加"图片1"合成

↘ 7.1.2　制作遮罩层动画

下面制作多个矩形形状逐个显示的动画，并将该动画层设置为图片的遮罩层，具体操作方法如下。

步骤 01 新建"形状遮罩"合成，在窗口上方工具栏中单击"矩形工具"按钮■，使用矩形工具在"合成"面板中绘制矩形。选中矩形，在上方设置"填充"和"描边"，在设置时按住【Alt】键的同时单击"填充"或"描边"按钮，可以更改"填充"或"描边"类型，如图7-11所示。

步骤 02 在时间轴面板中展开图层属性，在"矩形路径1"效果下设置矩形形状的"大小"为"480.0，360.0"，如图7-12所示。

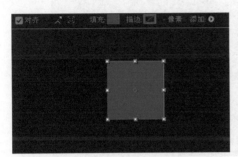

图7-11　绘制形状并设置形状格式

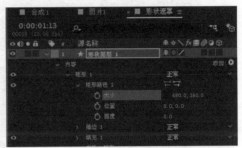

图7-12　设置形状大小

步骤 03 在"合成"面板中使用选择工具将矩形移至画面的左上方，如果矩形形状的锚点不在形状中央，可以在工具栏中选择向后平移（锚点）工具■，调整锚点的位置，如图7-13所示。

步骤 04 在时间轴面板中单击"添加"按钮▶，在弹出的列表中选择"中继器"选项，如图7-14所示。

图7-13　调整锚点的位置

图7-14　选择"中继器"选项

步骤 05 在形状图层中展开"中继器1"选项，设置"副本"参数为4.0；展开"变换：中继器1"选项，设置"位置"参数为"483.0，0.0"，如图7-15所示。

步骤 06 在"合成"面板中预览形状效果，如图7-16所示。

步骤 07 在时间轴面板中单击"起始点不透明度"参数左侧的秒表按钮，启用动画。在第0秒和第1秒的位置添加两个关键帧，设置"起始点不透明度"参数分别为0.0%、100.0%，然后采用同样的方法编辑"结束点不透明度"动画，如图7-17所示。

图7-15 设置"中继器"参数

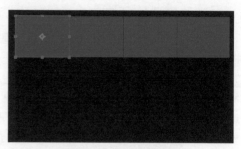

图7-16 预览形状效果

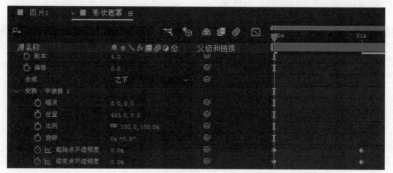

图7-17 设置"起始点不透明度"和"结束点不透明度"动画

步骤08 将时间线定位到第10帧的位置，然后选择"结束点不透明度"选项中的两个关键帧，按住【Shift】键的同时向右拖动关键帧至时间线位置，如图7-18所示。

图7-18 移动"结束点不透明度"关键帧位置

步骤09 拖动播放头预览动画，在"合成"面板中预览动画效果，如图7-19所示。

图7-19 预览动画效果

步骤10 选中"形状图层1"，按【Ctrl+D】组合键复制图层，然后选中"形状图层2"，按【U】键显示带关键帧的属性，将"起始点不透明度"选项中的两个关键帧移至第10帧的位置，将"结束点不透明度"选项中的两个关键帧移至第0秒的位置，如图7-20所示。

图7-20　移动关键帧位置

步骤⑪ 选中"形状图层2"，按【P】键显示"位置"属性，根据需要调整y坐标参数，如图7-21所示。

步骤⑫ 在"合成"面板中预览"形状图层2"形状效果，如图7-22所示。

图7-21　设置"位置"属性

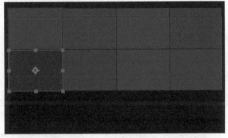

图7-22　预览"形状图层2"形状效果

步骤⑬ 采用同样的方法复制"形状图层1"，生成"形状图层3"。将"形状图层3"移至图层最上方，然后设置图层的"位置"属性，在"合成"面板中预览"形状图层3"形状效果，如图7-23所示。

步骤⑭ 在时间轴面板中将时间线定位到第1秒的位置，选中"形状图层2"图层条，按【[】键，将图层条的入点移至时间线位置，如图7-24所示。采用同样的方法，将"形状图层3"图层条的入点移至第2秒的位置。

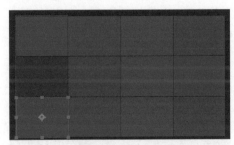

图7-23　预览"形状图形3"形状效果

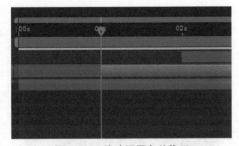

图7-24　移动图层条的位置

步骤⑮ 选择"合成1"时间轴面板，将"形状遮罩"合成从"项目"面板拖至时间轴面板中。按【F4】键显示"图层开关"和"模式"列，单击"图片1"图层右侧"TrkMat"列下方的下拉按钮，选择所需的遮罩选项，在此选择"Alpha遮罩'形状遮罩'"选项，如图7-25所示。

步骤⑯ 在"合成"面板中预览动画效果，如图7-26所示。

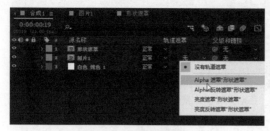

图7-25　设置图层遮罩　　　　　　　　　　　图7-26　预览动画效果

↘ 7.1.3　添加文字并制作动画

在画面中添加文字，然后为文字添加颜色渐变效果和动画效果，具体操作方法如下。

步骤① 在工具栏中选择"横排文字工具" **T**，使用该工具在"合成"面板中输入文字，然后在"字符"面板中设置字体格式，如图7-27所示。

步骤② 在"效果和预设"面板中搜索"梯度"，将"梯度渐变"效果拖至文字图层上，如图7-28所示。

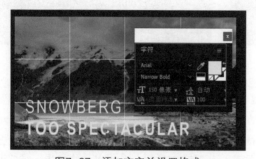

图7-27　添加文字并设置格式　　　　　　　　图7-28　添加"梯度渐变"效果

步骤③ 选中文字图层，按【F3】键打开"效果控件"面板，设置"起始颜色"和"结束颜色"，并设置"渐变起点"和"渐变终点"的位置，如图7-29所示。

步骤④ 在"合成"面板中查看文字效果，如图7-30所示。

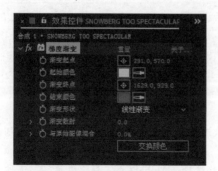

图7-29　设置"梯度渐变"效果　　　　　　　图7-30　查看文字效果

步骤⑤ 在"效果和预设"面板中搜索"淡化"，选择"随机淡化上升"效果，如

图7-31所示。

步骤 06 在时间轴面板中将时间线定位到第0秒的位置，然后拖动"随机淡化上升"效果到文本图层，添加动画效果，如图7-32所示。

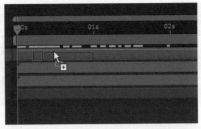

图7-31 选择"随机淡化上升"效果　　　　图7-32 添加"随机淡化上升"效果

步骤 07 选择文字图层，按【U】键显示带关键帧的属性，将第2个关键帧向右拖动，延长文字动画的时长，如图7-33所示。

图7-33 延长文字动画的时长

7.1.4 制作整体动画

在图层的父子级链接中，父级图层的动画效果影响所有子级图层，子级图层又可以拥有自己的动画效果。利用图层之间父子级关联制作片头效果整体动画，具体操作方法如下。

步骤 01 用鼠标右键单击时间轴面板的图层控制区域，选择"新建"|"摄像机"命令，在弹出的对话框中选择"35毫米"预设选项，单击"确定"按钮，如图7-34所示。

步骤 02 用鼠标右键单击时间轴面板左侧的图层控制区域，选择"新建"|"空对象"命令，创建"空1"图层。在时间轴面板中拖动"摄像机1"图层中的"父级关联器"按钮 到"空1"图层，将"空1"图层作为"摄像机1"图层的父级图层，如图7-35所示。

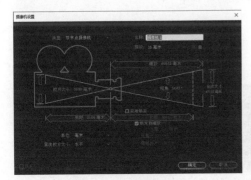

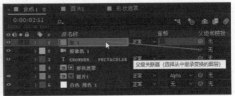

图7-34 创建摄像机　　　　　　　　　图7-35 设置图层父子级关联

步骤03 打开除纯色填充图层外其他图层的"3D图层"属性▣，如图7-36所示。

步骤04 选择"图片1"图层，按【P】键显示"位置"属性，调整z坐标的值为1000.0。采用同样的方法，设置文本图层中的"位置"属性，如图7-37所示。

图7-36 打开"3D图层"开关

图7-37 设置"位置"属性

步骤05 在"合成"面板中查看此时的画面效果，如图7-38所示。

图7-38 查看画面效果

步骤06 选择"图片1"图层，按【S】键显示"缩放"属性，启用"缩放"动画，在第0秒和第5秒的位置添加关键帧，分别设置"缩放"值为180.0%和155.0%，然后采用同样的方法设置文本图层的"缩放"属性，如图7-39所示。

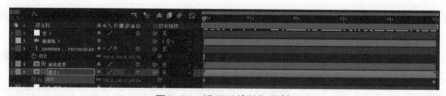

图7-39 设置"缩放"属性

步骤07 选择"空1"图层，按【P】键显示"位置"属性，启用"位置"动画，在第0秒和第3秒的位置添加关键帧，然后分别设置"位置"属性中y坐标的值，使视频画面从底部向上移入，如图7-40所示。

图7-40 设置空对象"位置"属性

步骤08 选中"空1"图层中的两个关键帧，按【F9】键为关键帧添加"缓动"效果。单击 按钮，打开图表编辑器，选中第2个关键帧，向左拖动控制手柄，调整贝塞尔曲线，使变化速率先快后慢，如图7-41所示。如果图表编辑器不是所需的样式，可以用右键单击图表编辑器，在弹出的快捷菜单中选择"编辑速度图表"命令。

图7-41　调整关键帧贝塞尔曲线

↘ 7.1.5　替换素材并导出视频

一个素材的片头动画效果制作完成后，要为其他素材应用相同的动画效果，只需复制合成并替换素材即可。替换素材并导出视频的具体操作方法如下。

步骤01 在"项目"面板中选中素材，将其拖至"新建文件夹"按钮上，如图7-42所示。

步骤02 此时，即可将所选素材添加到文件夹中。选中文件夹并按【Enter】键，将文件夹重命名为"合成1"，然后复制"合成1"文件夹并重命名为"合成2"。展开"合成2"文件夹，根据需要对其中的素材进行重命名，如图7-43所示。双击"图片2"合成，在时间轴面板中将其打开。

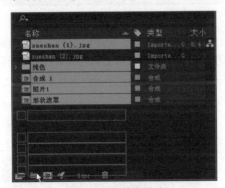

图7-42　创建文件夹

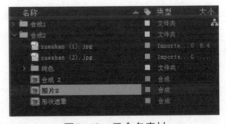

图7-43　重命名素材

步骤03 在时间轴面板中选中"图片2"合成中的图片图层，按住【Alt】键在"项目"面板中拖动"xueshan（2）"图片素材到所选的图层上，如图7-44所示。

步骤04 此时，即可替换图片素材。按【Ctrl+Alt+F】组合键，使图片大小自动适应合成大小，如图7-45所示。

步骤05 在时间轴面板中打开"合成2"合成，采用同样的方法，将"图片1"合成替换为"图片2"合成，如图7-46所示。

步骤06 在"合成"面板中预览替换后的画面效果，如图7-47所示。创作者也可根据需要将图片替换为视频素材。

图7-44 拖动图片素材

图7-45 替换图片素材

图7-46 替换合成素材

图7-47 预览替换后的画面效果

步骤 07 由于新版的After Effects无法直接导出MP4格式的视频，所以创建的合成需要添加到Premiere中，再导出视频。打开Premiere程序，新建项目和序列，按【Ctrl+I】组合键打开"导入"对话框，选择After Effects项目文件，如图7-48所示。

步骤 08 在弹出的对话框中选择要导入的合成，然后单击"确定"按钮，如图7-49所示。

图7-48 选择After Effects项目文件

图7-49 选择要导入的合成

步骤 **09** 此时，即可在"项目"面板中导入After Effects中的合成素材，如图7-50所示。

步骤 **10** 将合成素材添加到时间轴面板中，为素材添加过渡效果，然后添加并修剪背景音乐，如图7-51所示。序列编辑完成后，按【Ctrl+M】组合键导出视频即可。在Premiere中导入合成素材时，也可以同时启动After Effects程序，然后将After Effects中的合成素材直接拖入Premiere的"项目"面板中。

图7-50　导入合成素材

图7-51　编辑序列

7.2　制作文字动画特效

下面将介绍如何使用After Effects制作文字动画特效，包括书写文字特效、文字抖动特效、文字描边发光特效，以及文字实景合成特效等。

7.2.1　制作书写文字特效

制作书写文字特效，将文字按照笔画一笔一笔地书写出来，具体操作方法如下。

步骤 **01** 打开"素材文件\第7章\书写文字.aep"项目文件，在时间轴面板中用右键单击文字图层，在弹出的快捷菜单中选择"效果"|"生成"|"描边"命令，为图层添加"描边"效果，如图7-52所示。

步骤 **02** 在时间轴面板中选择文字图层，然后在工具栏单击"钢笔工具"按钮 ，使用钢笔工具在"合成"面板中绘制文字笔画，如图7-53所示。

图7-52　选择"描边"命令

图7-53　绘制文字笔画

步骤 **03** 根据文字结构一笔笔地书写笔画，在书写一个新的笔画时，需要单击文字图层，然后再继续绘制文字笔画，效果如图7-54所示。

步骤 **04** 按【F3】键打开"效果控件"面板，在"描边"效果中选中"所有蒙版"复选框，设置"画笔大小"为15.0，"画笔硬度"为50%，"绘画样式"为"显示原始图像"，如图7-55所示。

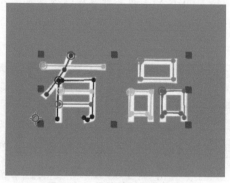

图7-54　继续绘制文字笔画

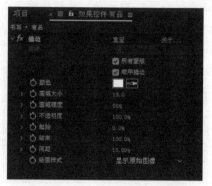

图7-55　设置"描边"效果参数

步骤05 在"合成"面板中预览此时的文字效果，如图7-56所示。

步骤06 将时间线定位到第1秒的位置，在"描边"效果中启用"结束"动画，设置"结束"参数为0.0%，如图7-57所示。

图7-56　预览文字效果

图7-57　启用"结束"动画

步骤07 在时间轴面板中选中文字图层，按【U】键显示带关键帧的属性，将时间线定位到第5秒的位置，添加关键帧，设置"结束"参数为100.0%，如图7-58所示。

图7-58　编辑"结束"动画

步骤08 在时间轴面板中将"工作区域结尾"拖至第6秒的位置，如图7-59所示。

步骤09 按【Ctrl+M】组合键打开"渲染队列"面板，在"输出模块"选项中设置输出格式为自定义："QuickTime"，在"输出到"选项中设置文件保存位置，如图7-60所示。设置完成后，单击"渲染"按钮，即可导出MOV格式的视频。

图7-59 修剪工作区域

图7-60 设置渲染输出

7.2.2 制作文字抖动特效

使用After Effects表达式制作文字抖动效果，并为抖动文字添加颜色分离和发光效果，具体操作方法如下。

步骤01 打开"素材文件\第7章\文字抖动.aep"项目文件，使用横排文字工具在"合成"面板中输入所需的文字，在"字符"面板中设置文字格式，如图7-61所示。

步骤02 在时间轴面板中选中文字图层，按【Ctrl+D】组合键复制文字图层，将文字图层复制两次，然后从上到下设置三个文字图层的文本颜色分别为白色、蓝色和红色，如图7-62所示。

图7-61 输入文字并设置格式

图7-62 复制文字图层并设置文字颜色

步骤03 选中三个文字图层，按【P】键打开"位置"属性，然后按住【Alt】键的同时单击最上层"位置"属性前的秒表按钮，添加表达式，在此输入表达式"wiggle(10,15)"，如图7-63所示。表达式"wiggle"函数为震动表达式，第1个参数表示频率，第2个参数表示振幅。采用同样的方法，为其他文字图层的"位置"属性添加相同的表达式。

图7-63 添加表达式

步骤04 按空格键预览视频，在"合成"面板中预览文字抖动效果，如图7-64所示。

图7-64　预览文字抖动效果

步骤05 在时间轴面板中选中三个文字图层，按【Ctrl+Shift+C】组合键创建预合成，输入新合成名称，选中"将所有属性移动到新合成"单选按钮，然后单击"确定"按钮，如图7-65所示。

步骤06 在时间轴面板中复制"抖动"合成图层，并将下层的图层重命名为"抖动 底部"。为"抖动 底部"图层打开"3D图层"属性，然后按【R】键打开"旋转"属性，设置"X轴旋转"参数为-75°，如图7-66所示。

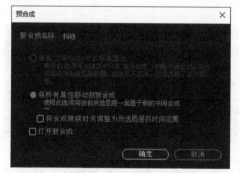

图7-65　创建预合成

图7-66　设置"旋转"属性

步骤07 在"合成"面板中拖动Z轴和Y轴，调整文字位置，如图7-67所示。

步骤08 为"抖动 底部"图层添加"高斯模糊"效果，在"效果控件"面板中设置"模糊度"为50.0，如图7-68所示。

图7-67　调整文字位置

图7-68　设置"高斯模糊"效果

步骤09 选中"抖动 底部"图层，按【T】键设置"不透明度"为30%，在"合成"面板中预览文字效果，如图7-69所示。

步骤10 用右键单击时间轴面板的图层控制区域，在弹出的快捷菜单中选择"新建"|"调整图层"命令，创建调整图层，如图7-70所示。

图7-69 预览文字效果

图7-70 创建调整图层

步骤 ⑪ 为调整图层添加"发光"效果，在"效果控件"面板中设置"发光半径"为35.0，如图7-71所示。

步骤 ⑫ 在"合成"面板中预览文字效果，如图7-72所示。

图7-71 设置"发光"效果

图7-72 预览文字效果

↘ 7.2.3 制作文字描边发光特效

下面使用After Effects制作文字描边发光特效，通过一些发光点对文字路径进行描边生成文字，具体操作方法如下。

步骤 ⑪ 打开"素材文件\第7章\文字描边发光特效.aep"项目文件，在时间轴面板中用右键单击文字图层，在弹出的快捷菜单中选择"图层样式"|"渐变叠加"命令，如图7-73所示。

步骤 ⑫ 展开文字图层属性，单击"渐变叠加"图层样式，单击"编辑渐变"按钮，在弹出的对话框中设置渐变颜色，然后单击"确定"按钮，如图7-74所示。

图7-73 选择"渐变叠加"命令

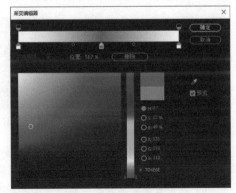

图7-74 设置渐变颜色

步骤 ⑬ 在"合成"面板中预览文字效果，如图7-75所示。

步骤 ④ 在时间轴面板中用右键单击文字图层，在弹出的快捷菜单中选择"创建"|"从文字创建蒙版"命令，如图7-76所示。

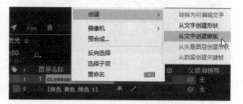

图7-75　预览文字效果　　　　　　　图7-76　选择"从文字创建蒙版"命令

步骤 ⑤ 此时，即可创建文字轮廓图层。为文字轮廓图层添加"描边"效果，在"效果控件"面板中选中"所有蒙版"复选框，取消选中"顺序描边"复选框，设置"画笔大小"为3.0，"画笔硬度"为100%，"绘画样式"为"显示原始图像"，启用"结束"动画，如图7-77所示。

步骤 ⑥ 在"合成"面板中预览文字效果，如图7-78所示。

图7-77　设置"描边"效果参数　　　　　　　图7-78　预览文字效果

步骤 ⑦ 在时间轴面板中选中文字轮廓图层，按【U】键显示带关键帧的属性，在第0秒和第7秒的位置添加关键帧，分别设置"结束"参数为0.0%、100.0%，如图7-79所示。

图7-79　编辑"结束"关键帧

步骤 ⑧ 选中两个关键帧，按【F9】键添加"缓动"效果。打开图表编辑器，用右键单击图表编辑器，在弹出的快捷菜单中选择"编辑速度图表"命令，如图7-80所示。

步骤 ⑨ 选中右侧的关键帧，拖动控制手柄调整贝塞尔曲线，如图7-81所示。

步骤 ⑩ 在时间轴面板中拖动播放头，在"合成"面板中预览文字描边动画，如图7-82所示。

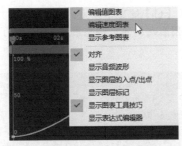

图7-80 选择"编辑速度图表"命令

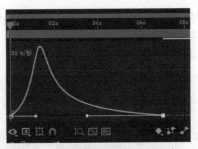

图7-81 调整关键帧贝塞尔曲线

图7-82 预览文字描边动画

步骤 11 在时间轴面板中选中文字轮廓图层，按【Enter】键设置图层名称，在图层名称后面输入"描边"，如图7-83所示。

步骤 12 按【Ctrl+D】组合键复制轮廓描边图层，然后重命名新的文字图层为"'GLOWWORM'轮廓 光晕"，如图7-84所示，单击轮廓描边图层左侧的⊙图标，隐藏该图层。

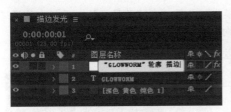

图7-83 重命名图层

图7-84 复制并重命名图层

步骤 13 将时间线定位到第1帧的位置，选择轮廓光晕图层，按【F3】键打开"效果控件"面板，启用"起始"动画，如图7-85所示。

步骤 14 将时间线定位到第7秒第1帧的位置，设置"起始"参数为100.0%，如图7-86所示。

图7-85 启用"起始"动画

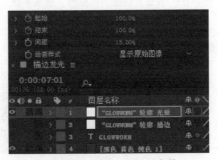

图7-86 设置"起始"参数

步骤⑮ 在时间轴面板中选中轮廓光晕图层，按【U】键显示带关键帧的属性，为"起始"动画的两个关键帧添加"缓动"效果。打开图表编辑器，调整第2个关键帧的贝塞尔曲线，如图7-87所示。

图7-87　调整关键帧贝塞尔曲线

步骤⑯ 在时间轴面板中拖动播放头，在"合成"面板中预览文字动画效果，可以看到一个个的点在运动，如图7-88所示。

图7-88　预览文字动画效果

步骤⑰ 为轮廓光晕图层添加"快速方框模糊"效果，在"效果控件"面板中设置"模糊半径"为12.0，"迭代"为20，"模糊方向"为"水平"，如图7-89所示。

步骤⑱ 为轮廓光晕图层添加3次"发光"效果，如图7-90所示。

图7-89　设置"快速方框模糊"效果参数

图7-90　添加3次"发光"效果

步骤⑲ 在时间轴面板中拖动播放头，在"合成"面板中预览文字动画效果，可以看到光晕运动动画，如图7-91所示。

图7-91　预览文字动画效果

步骤 20 在时间轴面板中复制轮廓光晕图层，并将复制的新图层重命名为"'GLOWWORM'轮廓 光点"，如图7-92所示。

步骤 21 打开"效果控件"面板，设置"快速方框模糊"效果中的"模糊半径"参数为0.0，如图7-93所示。

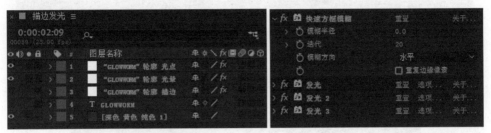

图7-92 复制并重命名图层　　　　图7-93 设置"模糊半径"参数

步骤 22 显示轮廓描边图层，在时间轴面板中拖动播放头，在"合成"面板中预览文字动画效果，可以看到文字描边发光动画，如图7-94所示。

图7-94 预览文字动画效果

步骤 23 在时间轴面板中将文字图层拖至最上层，并显示文字图层，如图7-95所示。

步骤 24 为文字图层添加"CC Burn Film"（胶片燃烧）效果，在"效果控件"面板中启用"Burn"动画，如图7-96所示。

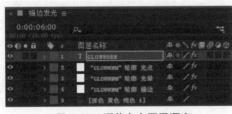

图7-95 调整文字图层顺序　　　　图7-96 添加"CC Burn Film"效果

步骤 25 在时间轴面板中选中文字图层，按【U】键显示带关键帧的属性，在第6秒和第8秒的位置添加关键帧，分别设置"Burn"参数为100.0、0.0，然后调整第2个关键帧的贝塞尔曲线，如图7-97所示。

步骤 26 在时间轴面板中拖动播放头，在"合成"面板中预览文字动画效果，如图7-98所示。

步骤 27 用右键单击时间轴面板的图层控制区域，在弹出的快捷菜单中选择"新建"|"空对象"命令，创建空对象图层，如图7-99所示。

步骤 28 选中文字图层和三个文字轮廓图层，然后拖动"父级关联器"按钮到"空1"图层，如图7-100所示。

图7-97　编辑"Burn"动画

图7-98　预览文字动画效果

图7-99　创建空对象图层

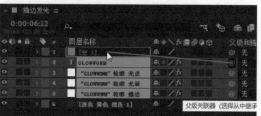

图7-100　设置父子级关联

步骤㉙ 选中"空1"图层，按【S】键打开"缩放"属性，启用"缩放"动画，在第0秒和第10秒的位置添加关键帧，设置"缩放"参数分别为125.0%、100.0%，如图7-101所示。

图7-101　编辑"缩放"动画

↘ 7.2.4　制作文字实景合成特效

After Effects中的3D摄像机跟踪器效果可以对视频序列进行分析，以提取摄像机运动和3D场景数据。利用该效果制作文字实景合成特效，具体操作方法如下。

步骤㉛ 打开"素材文件\第7章\文字实景合成.aep"项目文件，在时间轴面板中用右键单击视频图层，在弹出的快捷菜单中选择"跟踪和稳定"|"跟踪摄像机"命令，如图7-102所示。

步骤㉜ 此时，将添加3D摄像机跟踪器效果，等待分析和解析完成，如图7-103所示。

图7-102 选择"跟踪摄像机"命令

图7-103 等待分析和解析完成

步骤 03 解析完成后，在"效果控件"面板中选择"3D摄像机跟踪器"效果，如图7-104所示。

步骤 04 在"合成"面板的视频画面中可以看到有很多的跟踪点，拖动鼠标选中要用作附加点的一个或多个跟踪点，将在3D空间中显示平面的方向，如图7-105所示。选择跟踪点时，可以拖动播放头，选择最稳定的跟踪点。

图7-104 选择"3D摄像机跟踪器"效果

图7-105 选择跟踪点

步骤 05 在选区框或目标跟踪点上单击鼠标右键，在弹出的快捷菜单中选择"创建实底和摄像机"命令，如图7-106所示。

步骤 06 此时，即可创建3D纯色跟踪实底图层，如图7-107所示。

图7-106 选择"创建实底和摄像机"命令

图7-107 创建跟踪实底图层

步骤 07 使用横排文字工具在画面中输入所需的文字，然后打开文字图层的"3D图层"

属性。在时间轴面板中选中跟踪实底图层，按【P】键显示"位置"属性。选中"位置"属性，按【Ctrl+C】组合键复制属性，如图7-108所示。

步骤08 隐藏跟踪实底图层，选中文字图层，按【P】键显示"位置"属性，选中"位置"属性后按【Ctrl+V】组合键粘贴属性，如图7-109所示。

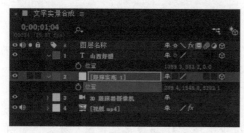
图7-108 复制"位置"属性

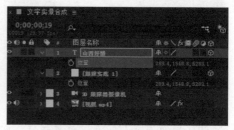
图7-109 粘贴"位置"属性

步骤09 按【Shift+S】组合键显示"旋转"属性，根据需要调整"位置"和"旋转"属性，将画面中的文字调整到合适的位置，如图7-110所示。

步骤10 拖动播放头，在"合成"面板中预览文字跟踪效果，如图7-111所示。

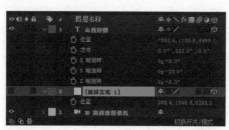
图7-110 调整"位置"和"旋转"属性

图7-111 预览文字跟踪效果

课后习题

1. 打开"素材文件\第7章\习题\风光"文件夹，使用After Effects为视频素材制作片头效果。

2. 使用After Effects制作书写文字特效，并为动画添加循环表达式"loopOut (type ="cycle", numKeyframes = 0)"，该表达式可以在"表达式语言菜单"的Preoperty子菜单中找到，然后使用提供的"实景跟踪"视频素材为书写文字制作文字实景合成效果。

第 8 章

短视频字幕的添加与编辑

字幕在短视频内容表现形式中占有重要地位，它可以让用户更清晰地理解短视频内容。本章将详细介绍如何在Premiere中为短视频添加与编辑字幕，以及常见的短视频字幕效果的制作方法。

学习目标

- 掌握使用文字工具添加与编辑字幕的方法。
- 掌握使用旧版标题添加与编辑字幕的方法。
- 掌握添加开放式字幕的方法。
- 掌握制作短视频字幕效果的方法。

8.1 使用文字工具添加与编辑字幕

使用Premiere中的文字工具可以很方便地在短视频中添加字幕，还可以结合图形工作区和"基本图形"面板为字幕添加响应式设计，如锁定文本开场和结尾的持续时间，以及创建文本样式、为文本添加背景形状。

↘ 8.1.1 添加字幕与设置格式

使用文字工具为短视频添加字幕并设置文本格式，然后为字幕制作开场和结尾动画，具体操作方法如下。

步骤 01 打开"素材文件\第8章\使用文字工具添加字幕.prproj"项目文件，在时间轴面板中将时间线定位到要添加文字的位置，按【T】键调用"文字"工具，然后在短视频画面中单击即可添加文字。也可以直接按【Ctrl+T】组合键新建文本图层，调整文本图层的位置并输入文字，如图8-1所示。

步骤 02 在"效果控件"面板中设置文字的字体样式、大小、对齐方式、字距、填充颜色、描边颜色及描边宽度，如图8-2所示。

图8-1 输入文字

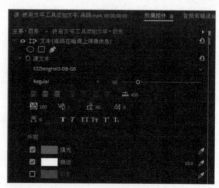

图8-2 设置文字样式

步骤 03 在"节目"面板中预览文字效果，如图8-3所示。

步骤 04 为文字添加"裁剪"效果，在"效果控件"面板的"裁剪"效果中设置"羽化边缘"为50，启用"右侧"动画，添加两个关键帧，设置"右侧"参数分别100.0%、0.0%，如图8-4所示。

图8-3 预览文字效果

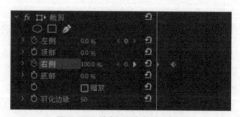

图8-4 编辑"右侧"动画

步骤 05 启用"左侧"动画，添加两个关键帧，设置"左侧"参数分别0.0%、100.0%，如图8-5所示。

步骤 06 在"节目"面板中播放视频，预览文字出现和消失动画，如图8-6所示。

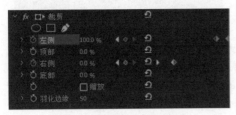

图8-5　编辑"左侧"动画

图8-6　预览文字出现和消失动画

↘ 8.1.2　锁定文本开场和结尾的持续时间

为文本添加开场和结尾的关键帧动画后，当改变文本剪辑的持续时间时，需要重新移动关键帧的位置。要使关键帧动画始终保持在文本的开场和结尾，可以锁定文本开场和结尾的持续时间，具体操作方法如下。

步骤 01 在时间轴面板中选中文本剪辑，在"效果控件"面板的时间线上拖动最左侧的控制柄，调整开场持续时间到关键帧动画结束的位置，如图8-7所示。

步骤 02 采用同样的方法，调整文本剪辑结尾持续时间，如图8-8所示。这样，当在时间轴面板中修剪文本剪辑时，不会剪掉文本开场和结尾的关键帧动画。

图8-7　设置开场持续时间

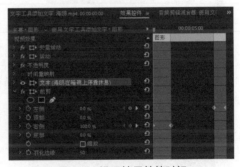

图8-8　设置结尾持续时间

↘ 8.1.3　创建文本样式

使用Premiere的文本样式功能可以将字体、颜色和大小等文本属性定义为样式，并对时间轴中不同图形的多个图层快速应用相同的文本样式，具体操作方法如下。

步骤 01 在时间轴面板中按住【Alt】键向右拖动文本进行复制，然后根据需要修改文本，如图8-9所示。

步骤 02 在"节目"面板中选中文本，如图8-10所示。

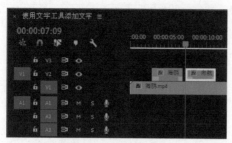

图8-9　复制并修改文本

图8-10　选中文本

步骤 03 打开"基本图形"面板，在"主样式"中设置字体样式、大小、外观等参数，单击"样式"下拉按钮，选择"创建主文本样式"选项，如图8-11所示。

步骤 04 在弹出的"新建文本样式"对话框中输入文本样式的名称，然后单击"确定"按钮，如图8-12所示。需要注意的是，样式中不包括"对齐"和"变换"属性。

图8-11　选择"创建主文本样式"选项

图8-12　输入文本样式的名称

步骤 05 创建文本样式后，即可将样式文件添加到"项目"面板中，如图8-13所示。

步骤 06 要为短视频中的其他文本应用该样式，只需将文本样式从"项目"面板拖放到时间轴面板中的文本上即可。在"节目"面板中预览应用文本样式后的效果，如图8-14所示。

图8-13　将样式文件添加到"项目"面板中

图8-14　预览应用文本样式后的效果

↘ 8.1.4　为文本添加背景形状

为文本添加背景形状，并使形状自动适应文本的长度，具体操作方法如下。

步骤 01 在"节目"面板中选中文本，在"基本图形"面板中单击"新建图层"按钮▣，在弹出的列表中选择"矩形"选项，如图8-15所示。

步骤 02 此时，即可在文本剪辑中添加矩形形状，在"基本图形"面板中将形状图层拖至文本图层下方，并设置形状的不透明度、外观等参数，如图8-16所示。

图8-15　选择"矩形"选项

图8-16　调整图层顺序

步骤 03 在"节目"面板中调整矩形形状的大小和位置，如图8-17所示。

步骤 04 在"基本图形"面板中选中形状，在"固定到"下拉列表框中选择文字对象，如图8-18所示。若将形状固定到"视频帧"，可以使形状自动适应视频长宽比的变化。

图8-17　调整矩形形状的大小和位置

图8-18　设置固定形状

步骤 05 在"固定到"选项右侧的方位锁的中间位置单击，设置固定四个边，如图8-19所示。

步骤 06 此时，在"节目"面板中编辑文字时，形状也将随之同步变化，效果如图8-20所示。

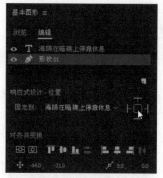

图8-19　单击方位锁

图8-20　预览文字效果

8.2　使用旧版标题添加与编辑字幕

　　旧版标题是Premiere以前版本的字幕设计器，使用旧版标题可以完成各种文字与图形的创建和编辑操作。虽然新版的"基本图形"功能可以很方便地添加字幕，但"旧版标题"字幕功能还有些暂时不能完全被取代的特色，如制作花字、路径文字、创意标题等。下面将介绍如何使用旧版标题为短视频添加字幕。

↘ 8.2.1　使用旧版标题创建字幕素材

　　使用旧版标题创建字幕素材，并编辑字幕内容和格式的具体操作方法如下。

步 骤 01 打开"素材文件\第8章\使用旧版标题添加字幕.prproj"项目文件，单击"文件"｜"新建"｜"旧版标题"命令，在弹出的"新建字幕"对话框中单击"确定"按钮，如图8-21所示。

步 骤 02 此时即可创建"字幕01"素材，在"项目"面板中双击"字幕01"，如图8-22所示。

图8-21　"新建字幕"对话框

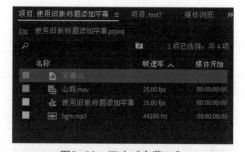

图8-22　双击"字幕01"

步 骤 03 打开字幕面板，使用文字工具 **T** 在绘图区中输入文本（在此输入背景音乐的歌词），在上方工具栏中设置字体样式、大小、字符间距、对齐方式等参数，如图8-23所示。

步 骤 04 在"旧版标题属性"工具栏中设置文字的填充、描边、阴影等参数，如图8-24所示。

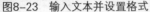

图8-23　输入文本并设置格式

图8-24　设置文本格式

步骤 05 字体样式设置完成后，在工具栏的左上方单击"基于当前字幕新建字幕"按钮，如图8-25所示。

步骤 06 在弹出的对话框中单击"确定"按钮，创建"字幕02"，根据需要修改字幕文字，如图8-26所示。采用同样的方法，创建其他歌词字幕。

图8-25　单击"基于当前字幕新建字幕"按钮

图8-26　修改字幕文字

8.2.2　为背景音乐添加歌词字幕

使用"旧版标题"字幕功能为短视频中的背景音乐添加动态歌词字幕，并为歌词文本添加发光效果，具体操作方法如下。

步骤 01 在"节目"面板中播放视频，在播放过程中背景音乐每句歌词开始的位置按【M】键添加标记，如图8-27所示。

步骤 02 在时间轴面板中单击V1轨道左侧的"切换轨道锁定"按钮🔒，锁定该轨道。在"项目"面板中选中所有字幕素材，将其拖至面板下方的"自动匹配序列"按钮▦上，如图8-28所示。

步骤 03 弹出"序列自动化"对话框，在"放置"下拉列表框中选择"在未编号标记"选项，在"方法"下拉列表框中选择"覆盖编辑"选项，选中"使用入点/出点范围"单选按钮，然后单击"确定"按钮，如图8-29所示。

步骤 04 此时即可将字幕素材自动添加到时间轴面板中，并与标记逐个对齐，如图8-30所示。

图8-27 添加标记

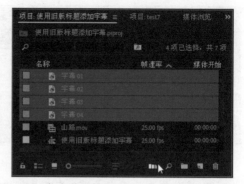

图8-28 将字幕素材拖至"自动匹配序列"按钮上

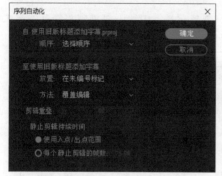

图8-29 "序列自动化"对话框

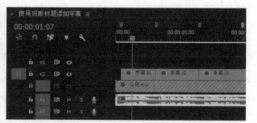

图8-30 将字幕素材添加到标记位置

步骤 **05** 在"效果"面板中展开"视频过渡"效果，找到"VR默比乌斯缩放"效果，用鼠标右键单击该效果，在弹出的快捷菜单中选择"将所选过渡设置为默认过渡"命令，如图8-31所示。

步骤 **06** 在时间轴面板中选中所有字幕素材，按【Shift+D】组合键应用默认过渡效果，如图8-32所示。

图8-31 设置默认过渡效果

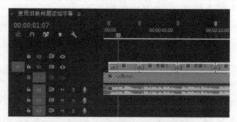

图8-32 应用默认过渡效果

步骤 **07** 在时间轴面板中选中过渡效果，在"效果控件"面板中设置"缩小级别"参数为5.00，如图8-33所示。采用同样的方法，设置其他过渡效果。

步骤 08 在"节目"面板中预览字幕之间的过渡效果，如图8-34所示。

图8-33　设置过渡效果参数　　　　图8-34　预览字幕之间的过渡效果

步骤 09 在时间轴面板中选中所有字幕素材，用鼠标右键单击所选素材，在弹出的快捷菜单中选择"嵌套"命令，设置嵌套序列名称为"歌词"，创建嵌套序列，如图8-35所示。

步骤 10 为嵌套序列添加"VR发光"效果，在"效果控件"面板的"VR发光"效果中选中"使用色调颜色"复选框，设置颜色为白色，设置"亮度阈值"参数为0.00，如图8-36所示。此时，即可看到字幕已添加发光效果。

图8-35　创建嵌套序列　　　　图8-36　设置"VR发光"效果

8.3　添加开放式字幕

利用Premiere可以为短视频添加开放式字幕，为短视频中的人物对话、解说音频等添加同步台词。在添加开放式字幕时，可以手动输入字幕内容，也可以直接导入字幕文件。

8.3.1　手动输入开放式字幕

在Premiere中创建开放式字幕，并手动输入字幕内容的具体操作方法如下。

步骤 01 打开"素材文件\第8章\添加开放式字幕.prproj"项目文件，在"项目"面板中单击"新建项"按钮，在弹出的列表中选择"字幕"选项，如图8-37所示。

步骤 02 弹出"新建字幕"对话框，在"标准"下拉列表框中选择"开放式字幕"选项，然后单击"确定"按钮，如图8-38所示。

图8-37　选择"字幕"选项

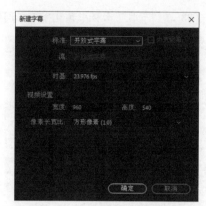

图8-38　"新建字幕"对话框

步骤 03 将创建的"开放式字幕"素材添加到V2轨道上，并与A2轨道上的音频素材对齐，如图8-39所示。

步骤 04 双击字幕文件，打开"字幕"面板，输入字幕文字，如图8-40所示。

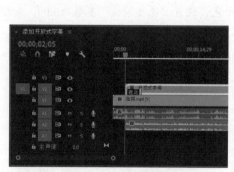

图8-39　添加字幕素材

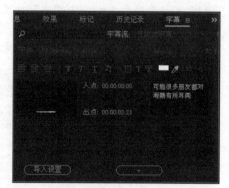

图8-40　输入字幕文字

步骤 05 在"字幕"面板下方单击■按钮添加字幕，然后输入所需的文本，如图8-41所示。

步骤 06 在时间轴面板的"开放式字幕"素材中根据音频修剪每个字幕的入点和出点位置，如图8-42所示。

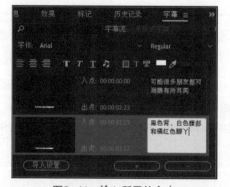

图8-41　输入所需的文本

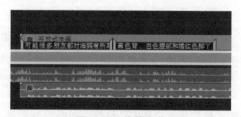

图8-42　修剪字幕

↘ 8.3.2　导入开放式字幕文件

　　除了手动输入开放式字幕文本外，创作者还可以使用第三方字幕制作软件将音频文件快速转换为SRT字幕文件，然后将字幕文件导入Premiere中，并编辑字幕格式，具体操作方法如下。

步骤 **01** 使用"记事本"程序打开"素材文件\第8章\添加开放式字幕\CHS_海鹦.srt"字幕文件，然后单击"文件"|"另存为"命令，如图8-43所示。

步骤 **02** 在弹出的"另存为"对话框中输入文件名，设置"编码"格式为"带有BOM的UTF-8"，然后单击"保存"按钮，如图8-44所示。

　　　图8-43　单击"另存为"命令

　　　图8-44　设置"编码"格式

步骤 **03** 将保存的字幕文件导入项目文件中，并添加到时间轴面板的V2轨道上，如图8-45所示。

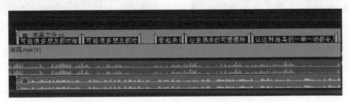

图8-45　将保存的字幕文件导入项目文件中

步骤 **04** 双击字幕，打开"字幕"面板，用右键单击任一字幕，在弹出的快捷菜单中选择"全选"命令选择全部字幕，然后根据需要修改字体样式，如图8-46所示。

步骤 **05** 在"节目"面板中预览开放式字幕效果，如图8-47所示。

　　　图8-46　修改字体样式

　　　图8-47　预览开放式字幕效果

8.4 制作短视频字幕效果

下面将介绍如何制作短视频中常见的文本效果，包括文字扫光效果、文字从物体后面出现效果、文字溶解效果与镂空文字效果等。

↘ 8.4.1 制作文字扫光效果

文字扫光效果是使静态的文字产生光泽变化，具体制作方法如下。

步骤 **01** 打开"素材文件\第8章\文字扫光效果.prproj"项目文件，复制V2轨道上的文本素材到V3轨道上，并修剪文本素材的长度，如图8-48所示。

步骤 **02** 在"效果控件"面板中设置文本的填充颜色为白色，然后在"文本"效果中单击"创建椭圆形蒙版"按钮，如图8-49所示。

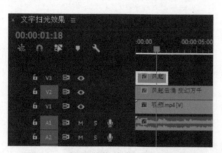

图8-48　复制并修剪文本素材的长度

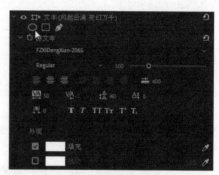

图8-49　设置文本的填充颜色

步骤 **03** 在"节目"面板中拖动蒙版路径上的控制点调整蒙版路径，拖动蒙版内部调整蒙版的位置，如图8-50所示。

步骤 **04** 在"效果控件"面板中设置"蒙版羽化"参数为50.0，启用"蒙版路径"动画，将时间线拖至最后一帧，添加"蒙版路径"关键帧，如图8-51所示。

图8-50　调整蒙版路径和位置

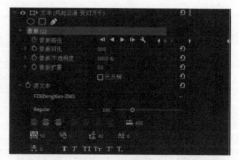

图8-51　添加"蒙版路径"关键帧

步骤 **05** 在"节目"面板中将蒙版拖至文字的右侧，即可创建文字扫光效果动画，如图8-52所示。

步骤 **06** 在V3轨道上按住【Alt】键的同时向右拖动文本素材，将文本素材复制多个，如图8-53所示。

图8-52　移动蒙版位置

图8-53　复制文本素材

步骤 07 选中V3轨道中所有的文本素材，按住【Alt】键的同时将其拖至V4轨道上，进行文本素材的复制，然后将V4轨道上所有的文本素材向后移动一定的距离，如图8-54所示。

步骤 08 在"节目"面板中预览文本扫光效果，如图8-55所示。

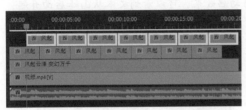

图8-54　复制文本素材并移动位置

图8-55　预览文字扫光效果

8.4.2　制作文字从物体后面出现效果

制作文字从物体后面出现的效果，可以提升画面的空间感，具体操作方法如下。

步骤 01 打开"素材文件\第8章\文字从物体后面出现.prproj"项目文件，在时间轴面板中将V1轨道上的视频素材复制到V3轨道上，并修剪素材的入点，如图8-56所示。

步骤 02 在"效果控件"面板的"不透明度"效果中单击钢笔工具 ，如图8-57所示。

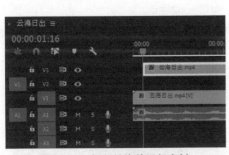

图8-56　复制并修剪视频素材

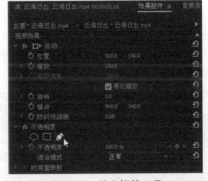

图8-57　单击钢笔工具

步骤 03 双击"节目"面板将其最大化，使用钢笔工具绘制蒙版路径，如图8-58所示。

步骤 04 在时间轴面板的V2轨道上使用文字工具输入文字"云海日出"，并修剪文本素材的入点到V3轨道上视频素材入点相同的位置，然后根据需要设置文本字体样式，如图8-59所示。

图8-58 绘制蒙版路径

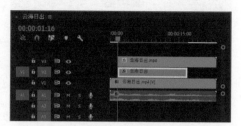

图8-59 添加文字并修剪文本素材

步骤 05 在"效果控件"面板的"矢量运动"效果中启用"位置"动画，添加两个关键帧，设置y坐标参数分别为784.0、540.0，如图8-60所示。使用矢量动态控件，无须将矢量图形栅格化即可对其进行编辑和变换，以避免矢量图形像素化所造成的边界模糊。

步骤 06 在"节目"面板中预览文本的出场动画效果，可以看到文本从山峰后面升起，如图8-61所示。

图8-60 编辑"位置"动画

图8-61 预览文本的出场动画效果

↘ 8.4.3 制作文字溶解效果

制作文字溶解效果，使文字从画面中消失时产生逐渐溶解的效果，具体操作方法如下。

步骤 01 继续上一节的操作，为V2轨道上的文本添加"粗糙边缘"效果，在"效果控件"面板的"粗糙边缘"效果中启用"边框"动画，在文本素材的结尾位置添加两个关键帧，设置"边框"参数分别为8.00、175.00，如图8-62所示。

步骤 02 启用"不透明度"效果中的"不透明度"动画，添加两个关键帧，设置"不透明度"参数分别为100.0%、0.0%，如图8-63所示。

图8-62 编辑"边框"动画

图8-63 编辑"不透明度"动画

步骤 **03** 在"节目"面板中播放视频，预览文字逐渐溶解消失的效果，如图8-64所示。

图8-64 预览文字溶解消失的效果

↘ 8.4.4 制作镂空文字效果

制作镂空文字效果，用文字作为遮罩蒙版，显示出下层的视频画面，具体操作方法如下。

步骤 **01** 打开"素材文件\第8章\镂空文字效果.prproj"项目文件，使用文本工具在V2轨道上输入文字并设置格式，在"节目"面板中预览文字效果，如图8-65所示。

步骤 **02** 在时间轴面板中选中文本素材，在"效果控件"面板的"矢量运动"效果中启用"缩放"动画，添加两个关键帧，设置"缩放"参数分别为280.0、100.0，如图8-66所示。

图8-65 预览文字效果　　　　　　　　　图8-66 编辑"缩放"动画

步骤 **03** 在时间轴面板中为V1轨道上的视频素材添加"轨道遮罩键"效果，设置"合成方式"为"Alpha遮罩"，在"遮罩"下拉列表框中选择"视频2"选项，即文本素材所在的轨道，如图8-67所示。

步骤 **04** 在"节目"面板中播放视频，预览镂空文字效果，如图8-68所示。

图8-67 设置"轨道遮罩键"效果　　　　图8-68 预览镂空文字效果

步骤 **05** 在"节目"面板中选中文本，在"基本图形"面板中单击"新建图层"按钮 ，在弹出的列表中选择"矩形"选项，如图8-69所示。

步骤 **06** 此时，即可在文本剪辑中添加矩形形状。在"节目"面板中调整矩形形状的大小，使视频画面完全显示出来，如图8-70所示。

图8-69　新建"矩形"图层

图8-70　调整矩形形状的大小

步骤 **07** 在"效果控件"面板中展开"形状"效果中的"变换"选项，启用"不透明度"动画，在剪辑的结尾位置添加两个关键帧，设置"不透明度"参数分别为0.0%、100.0%，如图8-71所示。

步骤 **08** 在"节目"面板中预览矩形形状的不透明度动画效果，可以看到视频画面逐渐完全显现出来，如图8-72所示。

图8-71　编辑"不透明度"动画

图8-72　预览视频画面效果

课后习题

1. 打开"素材文件\第8章\习题\雨天.prproj"项目文件，为短视频添加歌词字幕。
2. 打开"素材文件\第8章\习题\幼犬.prproj"项目文件，制作镂空文字效果。

第9章
短视频剪辑综合实训案例

　　未来短视频行业的门槛会越来越高，学好最基本的剪辑技能可以帮助短视频创作者在这个行业中走得更远，更有竞争力。本章将介绍各类短视频的剪辑思路，并通过剪辑宣传片短视频与旅拍Vlog两个综合案例对短视频剪辑的流程和技巧进行深入讲解，让读者进一步学习与巩固使用Premiere剪辑短视频的方法与技巧。

学习目标

- 了解旅拍Vlog、生活Vlog、微电影、宣传片等短视频的剪辑思路。
- 通过实训案例掌握宣传片短视频的剪辑方法与技巧。
- 通过实训案例掌握旅拍Vlog的剪辑方法与技巧。

9.1 短视频剪辑思路分析

剪辑人员在剪辑短视频之前，首先要确定剪辑思路，这会直接影响作品质量和剪辑效率。下面将以旅拍Vlog、生活Vlog、微电影和宣传片短视频为例，分析各类短视频的剪辑思路。

9.1.1 旅拍Vlog剪辑思路

在旅拍Vlog的拍摄过程中存在很多不确定的因素，途中看到的很多事物可能并不在拍摄计划中，拍摄者不仅要根据已定的拍摄路线和目标拍摄物进行拍摄，还要根据旅行过程中看到的场景进行即兴发挥，这种拍摄的不确定性给后期剪辑提供了开放的剪辑条件。然而，在开放式的环境下，旅拍Vlog的剪辑也有规律可循。

目前，旅拍Vlog主要有以下5种典型的剪辑手法。

1. 排比剪辑法

排比剪辑法一般常用于多组不同场景、相同角度或相同行为镜头的组接，如图9-1所示。

图9-1 使用排比剪辑法组接镜头

2. 相似物剪辑法

相似物剪辑法是指以不同场景、不同物体、相似形状、相似颜色进行镜头组接，如飞机和鸟、建筑模型和摩天大楼等。这种剪辑手法会让视频画面产生跳跃的动感，从一个场景跳到另一个场景，在视觉上形成酷炫转场的特效。例如，将古建筑的走廊、花窗、砖雕组接在一起，如图9-2所示。

图9-2 使用相似物剪辑法组接镜头

3. 逻辑剪辑法

逻辑剪辑法是指事物A与事物B的动作衔接匹配，如跳水运动员的入水动作与水面上溅起的水花组接；或者镜头A与镜头B相关或相连贯运动匹配，如上一个镜头为小朋友在写作文，下一个镜头为作文本上的内容，如图9-3所示。

图9-3　使用逻辑剪辑法组接镜头

4．混剪法

所谓混剪法，就是指将拍摄到的风景和人物素材混合剪辑在一起。为了混而不乱，剪辑人员在挑选素材时要将风景和人物穿插排列，呈现出特别的分镜效果，即使没有特定的情节，看起来也不会单调。为了更好地使用混剪法，拍摄者在拍摄同一画面时，要多角度拍摄大量素材，并使用运动镜头，以获取画面张力。

5．环形剪辑法

如果剪辑人员不知道如何处理拍摄的素材，不妨使用环形剪辑法，以免把旅拍Vlog剪辑成流水账。环形剪辑法是指从A点出发，途径B、C、D点，再巧妙地回到A点的剪辑方式。例如，在拍摄游客的某一天行程时，从酒店出发，路上经过很多地方，最后又回到酒店。在剪辑画面时，要配合音乐节奏，这样可以增强旅拍Vlog的节奏感。

↘ 9.1.2　生活Vlog剪辑思路

生活Vlog是以第一人称的形式记录拍摄者生活中经历的事情，这类视频主要以时间、地点和事件为录制顺序，录制时间较长，往往会有几小时甚至十几小时，通常会记录事情的整个经过，以讲述的形式对视频展开讲解。因此，剪辑人员会面对大量的素材，这时就要遵循减法原则，在现有素材的基础上尽量删减没有意义的片段，同时保证视频整体的故事性。

拍摄者在镜头中要有所讲述，讲述的过程要能推进事件的发展，所以剪辑人员在后期剪辑时要删减忘词、冷场、尴尬、拖沓等情节，做到每一句话都能推动情节的发展。如果视频进行到比较无聊的环节，剪辑人员可以添加一些空镜头或创意片段来增加趣味性。如果视频整体时长较长，剪辑人员就要通过分阶段的方式进行剪辑，把一整段视频划分为几个小部分，让每一部分都递进式地推进故事情节的发展。

↘ 9.1.3　微电影剪辑思路

与旅拍Vlog和生活Vlog可以根据拍摄者的喜好随意发挥不同，微电影是根据剧本的情节发展进行拍摄的，由大量单个镜头组成，剪辑难度比较大。剪辑人员在剪辑之前要先熟悉剧本，大致了解剧情的发展方向。

一般来说，微电影的剧情都遵循开端、发展、高潮、结局的内容架构，在剧情框架的基础上融入中心思想、主题风格、创作意图和剪辑创意等元素，以确定微电影的基本风格。最后，根据微电影的基本风格挑选合适的音乐，确定微电影大概的时长。

↘ 9.1.4 宣传片短视频剪辑思路

很多宣传片短视频的拍摄者凭借先进的设备可以完成最基础的视频制作，但要想获得更好的视觉效果，在剪辑过程中还有很多技巧可以采用。一般来说，宣传片短视频的剪辑思路如下。

1. 寻找剪切点

一个完整的视频需要通过众多画面进行组接，重点在于画面剪切点的寻找。剪切点是指人物动作或事物的转折点，如人的弯腰、招手，从呆若木鸡到欣喜若狂等，这些都属于剪切点。

剪辑能否成功的关键要看每个画面的转换是否正好落在剪切点上，该停的不停就会显得拖沓，不该停的停了就有跳跃感，只有恰到好处才能使画面连贯稳定、流畅自然。这个过程需要剪辑人员拥有良好的节奏感，这样才能把握住每个剪切点，从而对整个短视频运筹帷幄。

2. 画面色调要统一

剪辑人员在剪辑宣传片短视频时，要面对各式各样的素材，但不同素材的画面色调也许相差较大。这时，剪辑人员可以使用剪辑工具进行色调调整，以保持视频画面色调的统一。

3. 处理好同期声

在剪辑宣传片短视频的过程中，一个重要的环节是同期声的处理。同期声是指在拍摄影像时记录的现场声音，包括现场音响和人物说话声等。同期声是重要的表现手段，可以起到烘托和渲染主题的作用，增强现场感和参与感。在后期处理时，同期声与后期声要放在不同的音轨上，其大小通过预演审听、调整音量标识、凭视觉等加以调整。合理地处理同期声会让画面和声音更加协调，也能让声音更有质感。

4. 灵活处理特效与转场

特效制作与画面的流畅转场是后期制作需要面对的一个问题。目前，剪辑工具可以做到以帧为单位来进行特效处理，所以剪辑的画面长度和运用特效的转换时长不宜太短，否则画面就会产生跳跃的感觉，甚至产生视觉脱节。这个过程一定要灵活把握时间的间隔，才能让视频画面流畅、自然。

5. 添加字幕

添加字幕是制作宣传片短视频的重要一环，无论是片头字幕还是片尾字幕，都是将宣传内容的主题进行直观的表现。在宣传片短视频后期制作中，通过添加字幕可以让其信息展示得更加完整，同时也能增强短视频本身的趣味性。

9.2 实训案例：剪辑宣传片短视频

本案例将介绍如何制作一个商场宣传片短视频，通过制作宣传片来帮助读者巩固前面所学知识。在制作过程中，应注意节奏把控、动作衔接、转场切换、画面效果等问题的处理。

↘ 9.2.1 新建项目并导入素材

制作商场宣传片短视频的第一步是新建项目并导入素材文件，然后对素材文件进行整理，具体操作方法如下。

步骤 01 启动Premiere程序，按【Ctrl+Alt+N】组合键打开"新建项目"对话框，设置项目名称和保存位置，然后单击"确定"按钮，如图9-4所示。

步骤 02 按【Ctrl+I】组合键打开"导入"对话框，选择要导入的素材文件，然后单击"打开"按钮，如图9-5所示。

图9-4 "新建项目"对话框　　　　　　　图9-5 导入素材文件

步骤 03 将素材导入"项目"面板中，将视频素材按顺序进行命名。在"项目"面板中选中所有视频素材，将所选素材拖至下方的"新建素材箱"按钮 上，如图9-6所示。

步骤 04 将创建的素材箱命名为"视频素材"。采用同样的方法，使用素材箱整理其他素材，如图9-7所示。

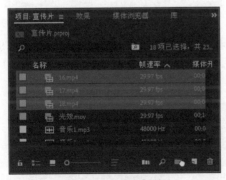

图9-6 新建素材箱　　　　　　　图9-7 使用素材箱整理其他素材

步骤 05 打开"视频素材"素材箱，查看素材缩略图。单击下方的"图标视图"按钮 ，预览视频素材，根据需要对视频素材进行筛选和排序，如图9-8所示。

图9-8　对视频素材进行筛选和排序

↘ 9.2.2　剪辑视频片段

对商场宣传片中用到的视频片段进行剪辑，在剪辑时以音乐节奏为剪辑依据，并对视频剪辑进行变速处理，使视频画面与背景音乐协调融合，具体操作方法如下。

步骤 01 将"01.mp4"视频素材拖至"新建项"按钮 ■ 上新建序列，如图9-9所示。

步骤 02 在"项目"面板中将新建的序列命名为"剪辑"，如图9-10所示。

图9-9　新建序列

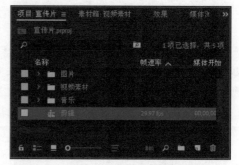

图9-10　重命名序列

步骤 03 在"项目"面板中双击"音乐1"音频素材，在"源"面板中标记要使用的音乐部分的入点和出点，然后播放音乐，在音乐节奏点位置按【M】键添加标记，如图9-11所示。

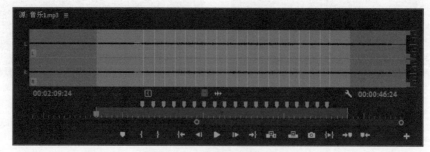

图9-11　为音频素材添加标记

步骤 04 将"音乐1"音频素材拖至时间轴面板的A1轨道上，在时间轴面板中双击"01"视频素材，如图9-12所示。

步骤 05 在"源"面板中预览视频素材，标记视频素材的入点和出点，如图9-13所示。

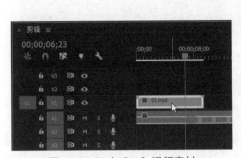

图9-12 双击"01"视频素材

图9-13 标记视频素材的入点和出点

步骤 06 在时间轴面板中用右键单击视频剪辑左上方的 fx 图标，在弹出的快捷菜单中选择"时间重映射"|"速度"命令，将轨道上的关键帧更改为速度关键帧，如图9-14所示。

步骤 07 在V1轨道头部双击展开轨道，向上拖动速度线调整速度为130.00%，如图9-15所示。

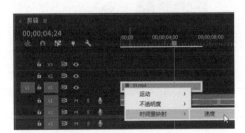

图9-14 设置速度关键帧

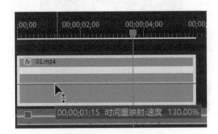

图9-15 调整速度

步骤 08 按住【Ctrl】键的同时在速度轨道上单击，添加速度关键帧，然后调整关键帧右侧的速度为400.00%，拖动关键帧手柄，使速度变化形成坡度，如图9-16所示。

步骤 09 将"02"视频素材添加到V1轨道上，并调整速度，使剪辑的出点位于音频素材的标记位置，如图9-17所示。

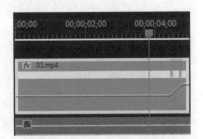

图9-16 添加关键帧并调速

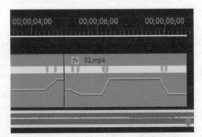

图9-17 剪辑"02"视频素材

步骤⑩ 依次在时间轴面板中添加其他视频素材，对视频素材进行剪辑，并根据音乐节奏调整剪辑速度，如图9-18所示。

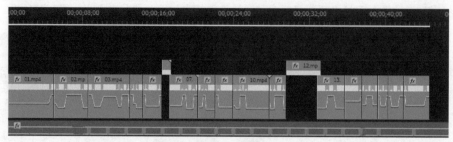

图9-18 剪辑其他视频素材

步骤⑪ 使用关键帧对视频调速时，如果将速度调整到最大1000.00%时仍觉得速度不够快，可以选中剪辑后按【Ctrl+R】组合键打开"剪辑速度/持续时间"对话框，从中进一步调整速度，设置完成后单击"确定"按钮，如图9-19所示。

步骤⑫ 将"tu2"图片素材添加到V1轨道所有视频剪辑的最后，用鼠标右键单击图片素材，在弹出的快捷菜单中选择"设为帧大小"命令，如图9-20所示。

图9-19 调整速度

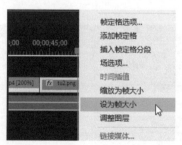

图9-20 选择"设为帧大小"命令

步骤⑬ 在"节目"面板中预览图片效果，如图9-21所示。

步骤⑭ 在"效果控件"面板中编辑"位置"和"缩放"动画，制作图片上移和缩小动画；编辑"不透明度"动画，制作图片淡入动画，如图9-22所示。

图9-21 预览图片效果

图9-22 为图片素材设置动画

↘ 9.2.3　添加转场效果

下面为视频添加转场效果，其中包括应用转场预设、制作发光转场效果、制作遮罩转场效果，使短视频片段的转场更加自然、富有创意。

1．应用转场预设

为短视频剪辑应用转场预设效果的具体操作方法如下。

步骤 01 在"03"和"04"视频素材之间添加"交叉溶解"转场效果，如图9-23所示。

步骤 02 在"节目"面板中预览"交叉溶解"转场效果，如图9-24所示。

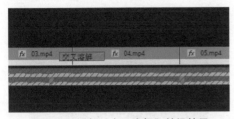

图9-23　添加"交叉溶解"转场效果

图9-24　预览"交叉溶解"转场效果

步骤 03 为"08"和"09"视频素材添加Impact转场插件中的"Impact光线"转场效果，如图9-25所示。

步骤 04 在"效果控件"面板中设置"Impact光线"过渡效果中的"擦除角度""擦除羽化"和"光线长度"参数，如图9-26所示。

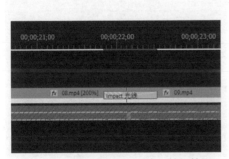

图9-25　添加"Impact光线"转场效果

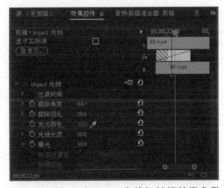

图9-26　设置"Impact光线"转场效果参数

步骤 05 在"节目"面板中预览"Impact光线"转场效果，如图9-27所示。

步骤 06 为其他视频剪辑添加所需的转场效果，如图9-28所示。

图9-27　预览"Impact光线"转场效果

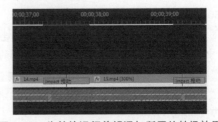

图9-28　为其他视频剪辑添加所需的转场效果

2. 制作发光转场效果

利用"VR发光"视频效果制作发光转场效果，具体操作方法如下。

步骤 01 在"项目"面板中单击"新建项"按钮 ，在弹出的列表中选择"调整图层"选项，如图9-29所示。

步骤 02 在弹出的"调整图层"对话框中单击"确定"按钮，如图9-30所示。

图9-29 选择"调整图层"选项

图9-30 "调整图层"对话框

步骤 03 将调整图层拖至"04"和"05"视频素材的上层轨道上，如图9-31所示。

步骤 04 在"效果"面板中搜索"发光"，然后将"VR发光"效果添加到调整图层上，如图9-32所示。

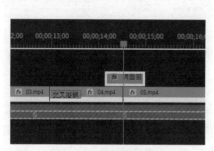

图9-31 添加调整图层

图9-32 添加"VR发光"效果

步骤 05 在"效果控件"面板中启用"VR发光"效果中的"亮度阈值""发光半径"和"发光亮度"动画，设置"亮度阈值"参数为0.40、"发光半径"为50、"发光亮度"为1.50，如图9-33所示。

步骤 06 将时间线向左移动5帧，分别单击"亮度阈值""发光半径"和"发光亮度"选项中的"重置参数"按钮 ，然后将左侧的3个关键帧复制到右侧，如图9-34所示。

步骤 07 在"节目"面板中预览发光转场效果，如图9-35所示。

步骤 08 将调整图层复制到V3轨道上，并将其移至"05"和"06"视频素材之间，如图9-36所示。

图9-33 设置"VR发光"效果参数

图9-34 编辑关键帧

图9-35 预览发光转场效果

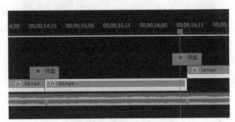

图9-36 复制调整图层

3. 制作遮罩转场效果

使用蒙版功能制作两个场景之间的无缝转场效果,具体操作方法如下。

步骤01 在时间轴面板中将时间线定位到"07"视频素材的入点位置,修剪"06"视频素材,使其转场部分与"07"视频素材有重叠,然后在要转场的位置分割"06"视频素材,选中转场部分视频素材,如图9-37所示。

步骤02 在"效果控件"面板的"不透明度"效果中单击"钢笔工具"按钮，创建蒙版,启用"蒙版路径"动画,并选中"已反转"复选框,如图9-38所示。

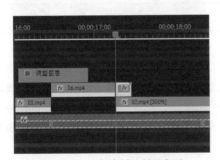

图9-37 分割素材的转场部分

图9-38 创建并设置蒙版

步骤03 双击"节目"面板将其最大化,将播放头移至门框左侧画面刚出现的位置,使用钢笔工具绘制蒙版路径,如图9-39所示。

步骤04 当绘制的路径闭合后,将看到"07"视频素材中的画面,如图9-40所示。

步骤05 滚动鼠标滚轮或单击"前进一帧"按钮，逐帧预览视频,然后调整蒙版路径,使蒙版始终选中门框左侧的部分,如图9-41所示。

步骤06 继续逐帧调整蒙版路径,直到显示"07"视频素材中的全部画面,蒙版路径调整完成,如图9-42所示。

图9-39　绘制蒙版路径

图9-40　预览蒙版效果

图9-41　调整蒙版路径

图9-42　蒙版路径调整完成

步骤 07 按住【Alt】键的同时向上拖动"09"视频素材进行复制，修剪V2轨道上的"09"视频素材，使其转场部分与V1轨道上的"10"视频素材重叠，如图9-43所示。

步骤 08 在"节目"面板中预览"09"视频素材转场部分的画面，可以看到一个人从画面的左侧走向右侧，如图9-44所示。

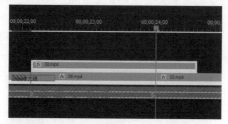
图9-43　复制并修剪"09"视频素材

图9-44　预览转场部分的画面

步骤 09 修剪V2轨道上的"09"视频素材，用鼠标右键单击该视频素材，在弹出的快捷菜单中选择"嵌套"命令，如图9-45所示。

步骤 10 在弹出的"嵌套序列名称"对话框中输入名称，然后单击"确定"按钮，如图9-46所示。

图9-45　选择"嵌套"命令

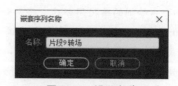
图9-46　设置名称

步骤 ⑪ 采用同样的方法，使用钢笔工具为嵌套序列制作蒙版路径动画，如图9-47所示。

步骤 ⑫ 在"效果控件"面板中设置"蒙版扩展"参数为10.0，如图9-48所示。

图9-47 制作蒙版路径动画

图9-48 设置"蒙版扩展"参数

步骤 ⑬ 采用同样的方法，在第13个视频片段中为画面中的画框制作蒙版动画，如图9-49所示。

步骤 ⑭ 在"节目"面板中可以透过画框看到下层的视频画面，如图9-50所示。

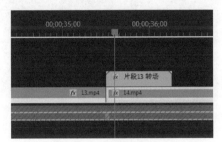

图9-49 制作蒙版动画

图9-50 预览蒙版效果

步骤 ⑮ 在"节目"面板中双击画面，将锚点拖至画框中，如图9-51所示。

步骤 ⑯ 在时间轴面板中选中"片段13转场"剪辑，在"效果控件"面板中启用"缩放"动画，添加关键帧制作放大动画，如图9-52所示。

图9-51 调整锚点位置

图9-52 制作缩放动画

步骤 ⑰ 在"节目"面板中预览遮罩画面的放大效果，如图9-53所示。

步骤 ⑱ 按住【Alt】键向上拖动"片段13转场"剪辑进行复制，选中上方的视频剪辑，如图9-54所示。

图9-53 预览遮罩画面放大效果

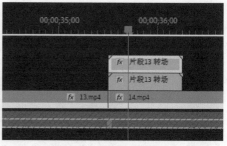

图9-54 复制视频剪辑

步骤⑲ 在"效果控件"面板中取消选中"已反转"复选框，启用"蒙版不透明度"动画，添加两个关键帧，设置"蒙版不透明度"参数分别为100.0%、0.0%，如图9-55所示。

步骤⑳ 在"节目"面板中预览蒙版不透明度变化效果，如图9-56所示。

图9-55 编辑"蒙版不透明度"动画

图9-56 预览蒙版不透明度变化效果

↘ 9.2.4 制作画面发光效果

使用颜色遮罩和视频过渡效果制作简单的画面发光效果，具体操作方法如下。

步骤① 在"项目"面板中单击"新建项"按钮▣，在弹出的列表中选择"颜色遮罩"选项，如图9-57所示。

步骤② 弹出"拾色器"对话框，设置颜色为白色，然后单击"确定"按钮，如图9-58所示。

图9-57 选择"颜色遮罩"选项

图9-58 设置颜色

步骤 03 将"颜色遮罩"拖至"08"视频素材的上层轨道上，如图9-59所示。

步骤 04 分别在颜色遮罩的入点和出点位置添加"交叉溶解"过渡效果，并根据需要调整过渡持续时间，如图9-60所示。

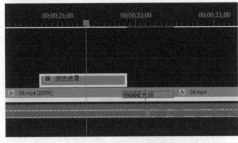 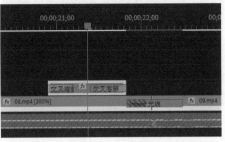

图9-59　添加颜色遮罩　　　　　　图9-60　添加"交叉溶解"过渡效果

步骤 05 在"效果控件"面板的"不透明度"效果中设置"混合模式"为"叠加"，如图9-61所示。

步骤 06 在"节目"面板中预览画面发光效果，如图9-62所示。

图9-61　设置混合模式　　　　　　图9-62　预览画面发光效果

↘ 9.2.5　制作片头

在宣传片短视频制作过程中，创作一个颇具创意的片头就意味着该宣传片成功了一半，可见片头的制作也至关重要。下面通过编辑图片与文字动画来制作宣传片短视频片头。

1. 编辑图片动画

运用"运动"和"不透明度"效果来编辑片头中的图片动画，具体操作方法如下。

步骤 01 在"项目"面板中将"tu"图片素材拖至"新建项"按钮■上，创建序列，如图9-63所示，并将序列重命名为"片头"。

步骤 02 在"项目"面板中双击"音乐2"音频素材，在"源"面板中标记音乐的入点和出点，如图9-64所示。

步骤 03 将"音乐2"音频素材拖至A1轨道上，为片头添加背景音乐，如图9-65所示。

步骤 04 在"节目"面板中双击图片，拖动锚点调整其位置，如图9-66所示。

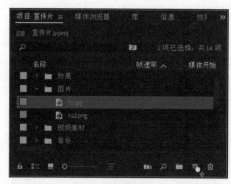

图9-63　创建序列

图9-64　标记音乐的入点和出点

图9-65　添加背景音乐

图9-66　调整锚点位置

步骤 05 在"效果控件"面板中启用"缩放"动画，添加两个关键帧，设置"缩放"参数分别为110.0、140.0，调整动画的贝塞尔曲线，如图9-67所示。

步骤 06 启用"不透明度"动画，添加4个关键帧，设置"不透明度"参数分别为0.0%、70.0%、70.0%、100.0%，其中设置"不透明度"参数为100.0%的示意图如图9-68所示。

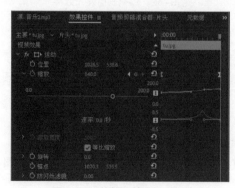

图9-67　编辑"缩放"动画

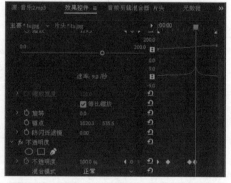

图9-68　设置"不透明度"参数为100.0%

2. 制作文字动画

在短视频片头中添加文字，并制作文字出现和消失动画，具体操作方法如下。

步骤 01 在"工具"面板中单击"钢笔工具"按钮 并长按鼠标左键，在弹出的列表中选择"矩形工具"选项，如图9-69所示。

步骤 02 使用矩形工具在"节目"面板中绘制矩形，打开"基本图形"面板，分别单击"垂直居中对齐"按钮■和"水平居中对齐"按钮■，如图9-70所示。

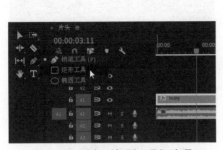

图9-69　选择"矩形工具"选项

图9-70　设置对齐方式

步骤 03 为形状添加"裁剪"效果，在"效果控件"面板中启用"裁剪"效果的"顶部"动画，添加两个关键帧，设置"顶部"参数分别为50.0%、35.0%，然后采用同样的方法编辑"底部"动画，如图9-71所示。

步骤 04 编辑"顶部"动画的贝塞尔曲线，使动画先快后慢，然后采用同样的方法编辑"底部"动画，完成矩形形状出现动画的制作，如图9-72所示。

图9-71　编辑"裁剪"动画

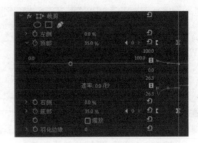

图9-72　设置动画贝塞尔曲线

步骤 05 向右拖动时间线，采用同样的方法制作矩形形状的消失动画，如图9-73所示。

步骤 06 使用文本工具在"节目"面板中输入文本"潮聚万象"，如图9-74所示。

图9-73　制作矩形形状的消失动画

图9-74　输入文本

步骤 07 在"效果控件"面板中设置文本的字体格式，然后单击"创建4点多边形蒙版"按钮■，如图9-75所示。

步骤 08 在"节目"面板中调整蒙版路径，如图9-76所示。

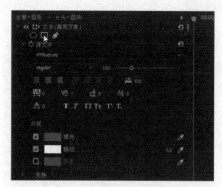

图9-75　单击"创建4点多边形蒙版"按钮

图9-76　调整蒙版路径

步骤 09 启用"变换"选项中的"位置"动画，添加4个关键帧，设置"位置"关键帧中的x坐标参数，分别为942.0，522.0，522.0，942.0，其中设置x坐标参数为942.0的示意图如图9-77所示。

步骤 10 在"节目"面板中预览文本动画效果，可以看到文本从矩形左侧移出，然后再移入，如图9-78所示。

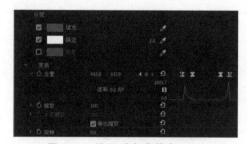

图9-77　设置x坐标参数为942.0

图9-78　预览文本动画效果

步骤 11 采用同样的方法，在画面中添加文本"漫游春光"，并制作文本动画，如图9-79所示。

步骤 12 在时间轴面板中选中文本和图形素材，然后用鼠标右键单击所选素材，选择"嵌套"命令，在弹出的对话框中输入名称"文字动画"，然后单击"确定"按钮，如图9-80所示。

图9-79　制作另一个文本动画

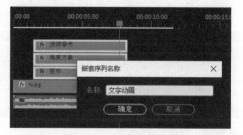

图9-80　创建嵌套序列

3. 制作画面振动效果

为图片动画添加RGB颜色分离振动效果的具体操作方法如下。

步骤 01 在时间轴面板中将"文字动画"嵌套序列移至V5轨道上，然后在V2轨道上添加调整图层，如图9-81所示。

步骤 02 为调整图层添加"变换"效果，在"效果控件"面板的"变换"效果中取消选中"使用合成的快门角度"复选框，设置"快门角度"为180.00。启用"缩放"动画，添加3个关键帧，设置"缩放"参数分别为100.0，110.0，100.0，其中设置"缩放"参数为110的示意图如图9-82所示。

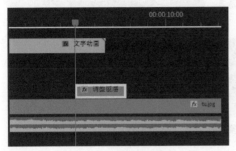

图9-81 添加调整图层

图9-82 设置"缩放"参数为110

步骤 03 启用"不透明度"效果中的"不透明度"动画，添加3个关键帧，设置"不透明度"分别为0.0%、50.0%、0.0%，"混合模式"为"线性减淡（添加）"，如图9-83所示。

步骤 04 将调整图层依次复制到V3轨道和V4轨道上，然后选中V3轨道上的调整图层，如图9-84所示。

图9-83 编辑"不透明度"动画

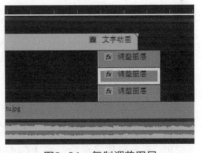

图9-84 复制调整图层

步骤 05 在"效果控件"面板中修改"缩放"动画第2个关键帧参数为120.0，如图9-85所示。采用同样的方法，修改V4轨道上调整图层的"缩放"关键帧参数为130.0。

步骤 06 在"效果"面板中搜索"颜色平衡"，将"颜色平衡（RGB）"效果添加到3个调整图层上，如图9-86所示。

步骤 07 在"效果控件"面板中分别设置3个调整图层的"颜色平衡"效果参数，如图9-87所示。

图9-85　修改"缩放"关键帧

图9-86　添加"颜色平衡（RGB）"效果

图9-87　设置"颜色平衡（RGB）"效果参数

步骤08 在"节目"面板中预览画面振动效果，如图9-88所示。

步骤09 在时间轴面板中选中3个调整图层，并修剪调整图层的长度，然后向右进行多次复制，以形成连续振动的效果，如图9-89所示。

图9-88　预览画面振动效果

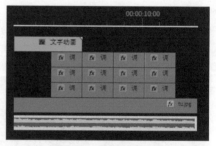

图9-89　复制调整图层

4．在剪辑中插入片头

将做好的片头插入剪辑中，并添加转场效果，具体操作方法如下。

步骤01 片头制作完成后，按【Ctrl+M】组合键打开"导出设置"对话框，设置格式、输出名称等参数，如图9-90所示，然后单击"确定"按钮，即可导出片头视频。

步骤02 将导出的片头视频导入"项目"面板中，然后在按住【Ctrl】键的同时将"片头"视频插到"剪辑"序列的开头，如图9-91所示。

步骤03 在"项目"面板中双击"光效"素材，在"源"面板中标记入点和出点进行剪辑，如图9-92所示。

步骤04 在"片头"和"01"视频素材之间添加"交叉溶解"过渡效果，然后将"光效"视频素材从"项目"面板拖至V2轨道上，如图9-93所示。

图9-90　导出片头视频

图9-91　插入片头视频

图9-92　剪辑"光效"素材

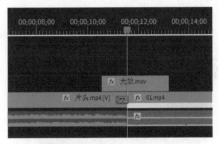

图9-93　添加"光效"素材

步骤 05 在"效果控件"面板中设置"光效"素材的"混合模式"为"滤色"，如图9-94所示。

步骤 06 在"节目"面板中预览过渡效果，如图9-95所示。

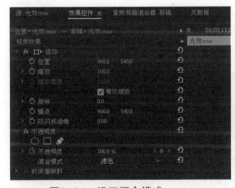

图9-94　设置混合模式

图9-95　预览过渡效果

↘ 9.2.6　调整声音

对短视频中的声音进行处理并导出视频，包括制作音乐的淡入/淡出效果、添加音效、调整音量等，具体操作方法如下。

步骤 01 播放视频，在"音频仪表"面板中可以看到当前音量的峰值为-24 dB，音量偏小，如图9-96所示。

步骤 **02** 在时间轴面板中右击背景音乐素材，选择"音频增益"命令，在弹出的对话框中选中"调整增益值"单选按钮，设置值为12 dB，单击"确定"按钮，如图9-97所示。

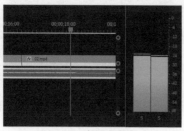

图9-96　查看音量大小

图9-97　选中"调整增益值"单选按钮

步骤 **03** 分别在片头音乐和背景音乐的出点位置添加"指数淡化"音频过渡效果，如图9-98所示。

步骤 **04** 根据需要在视频剪辑转场位置添加转场音效，在此将所有的转场音效添加到A2轨道上，如图9-99所示。

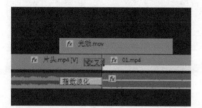

图9-98　添加"指数淡化"音频过渡效果

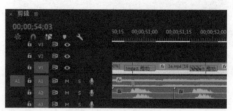

图9-99　添加音效

步骤 **05** 选中A2轨道中的所有音效素材，打开"基本声音"面板，单击"音乐"按钮，在"响度"选项中单击"自动匹配"按钮统一音效的音量，如图9-100所示。

步骤 **06** 打开"音轨混合器"面板，向上拖动"音频2"轨道的音量按钮，提高所有转场音效的音量，如图9-101所示。播放视频，整体预览视频，检查无误后按【Ctrl+M】组合键导出视频。

图9-100　单击"自动匹配"按钮

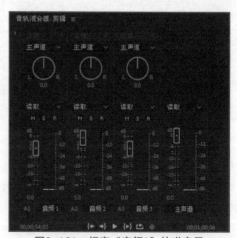

图9-101　提高"音频2"轨道音量

9.3　实训案例：剪辑旅拍Vlog

本案例将介绍如何制作一个旅拍Vlog，帮助读者进一步巩固短视频剪辑技巧，其中包括对散乱镜头的合理排序、剪辑速度的控制、镜头转场的设计、画面抖动的修复、短视频声音的调整，以及视频画面的调色等。

9.3.1　新建项目并导入素材

为制作旅拍Vlog，先创建项目并导入所需的素材，然后对素材进行整理，具体操作方法如下。

步骤 01　启动Premiere程序，按【Ctrl+Alt+N】组合键打开"新建项目"对话框，输入项目名称并设置保存位置，然后单击"确定"按钮，如图9-102所示。

步骤 02　按【Ctrl+I】组合键打开"导入"对话框，选择要导入的素材文件，然后单击"打开"按钮，如图9-103所示。

图9-102　"新建项目"对话框　　　　　　　　图9-103　导入素材文件

步骤 03　此时，即可将素材导入"项目"面板中。在"项目"面板中创建素材箱，对视频、音频等素材进行整理，如图9-104所示。

步骤 04　打开"视频素材"素材箱，单击下方的"图标视图"按钮▦，预览视频素材，根据需要对视频素材进行筛选和排序，如图9-105所示。

图9-104　使用素材箱整理素材　　　　　　　图9-105　对视频素材进行筛选和排序

↘ 9.3.2　剪辑视频片段

下面对旅拍Vlog中用到的视频片段进行剪辑，在剪辑时同样以音乐节奏为剪辑依据，在视频剪辑开始位置进行加速处理，以实现变速转场，具体操作方法如下。

步骤01 按【Ctrl+N】组合键打开"新建序列"对话框，选择"设置"选项卡，在"编辑模式"下拉列表框中选择"自定义"选项，然后自定义"时基""帧大小""像素长宽比""显示格式"等参数，如图9-106所示。设置完成后，单击"确定"按钮。

步骤02 在"项目"面板中双击"背景音乐"音频素材，在"源"面板中标记要使用的音乐部分的入点和出点，然后播放音乐，在音乐节奏点位置按【M】键添加标记，如图9-107所示。

图9-106　"新建序列"对话框

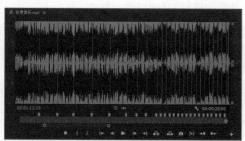

图9-107　为音频素材添加标记

步骤03 在"项目"面板中双击"01"视频素材，在"源"面板中预览视频素材，标记视频素材的入点和出点，然后拖动"仅拖动视频"按钮到创建的序列中，如图9-108所示。

步骤04 弹出"剪辑不匹配警告"对话框，单击"保持现有设置"按钮，如图9-109所示。

图9-108　标记视频素材的入点和出点

图9-109　单击"保持现有设置"按钮

步骤05 在时间轴面板中选中视频素材，如图9-110所示。

步骤06 按【Ctrl+R】组合键打开"剪辑速度/持续时间"对话框，设置"速度"为700%，在"时间插值"下拉列表框中选择"帧混合"选项，然后单击"确定"按钮，如图9-111所示。

图9-110 选中视频素材

图9-111 "剪辑速度/持续时间"对话框

步骤⑦ 在"节目"面板中可以看到运动画面在播放过程中出现了动态模糊效果，如图9-112所示。

步骤⑧ 在时间轴面板中用右键单击视频剪辑左上方的 fx 图标，在弹出的快捷菜单中选择"时间重映射"|"速度"命令，将轨道上的关键帧更改为速度关键帧，如图9-113所示。

图9-112 预览动态模糊效果

图9-113 选择"速度"命令

步骤⑨ 按住【Ctrl】键的同时在速度轨道上单击，添加速度关键帧，然后调整关键帧左侧的速度，如图9-114所示。

步骤⑩ 拖动关键帧手柄，使速度变化形成坡度。定位时间线的位置，按【Ctrl+K】组合键分割视频素材，如图9-115所示。

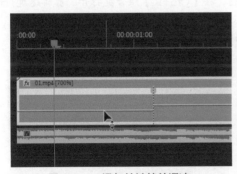

图9-114 添加关键帧并调速

图9-115 分割视频素材

步骤⑪ 用鼠标右键单击分隔后左侧的视频，在弹出的快捷菜单中选择"时间插值"|"帧采样"命令，取消该视频剪辑的动态模糊效果，如图9-116所示。

步骤⑫ 在"项目"面板中双击"02"视频素材，在"源"面板中预览视频素材，标记视频素材的入点和出点，如图9-117所示，然后拖动"仅拖动视频"按钮■到时间轴面板的V2轨道上。

图9-116　选择"帧采样"命令

图9-117　标记视频素材的入点和出点

步骤⑬ 采用同样的方法对"02"视频剪辑进行速度调整，使视频素材的入点和出点位于音频素材的标记位置，如图9-118所示。

步骤⑭ 采用同样的方法剪辑"03"视频素材，在剪辑"03"视频素材时需要对素材进行分割，并删除视频素材的中间片段，如图9-119所示。依次添加其他视频素材，根据音乐节奏调整视频速度。

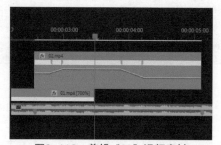

图9-118　剪辑"02"视频素材

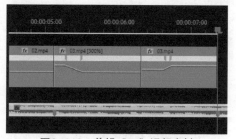

图9-119　剪辑"03"视频素材

步骤⑮ 在时间轴面板中选中"18"视频素材，按【Ctrl+R】组合键打开"剪辑速度/持续时间"对话框，选中"倒放速度"复选框，然后单击"确定"按钮，如图9-120所示。

步骤⑯ 此时即可设置视频倒放，根据需要对视频的速度进行调整，如图9-121所示。

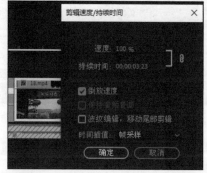

图9-120　选中"倒放速度"复选框

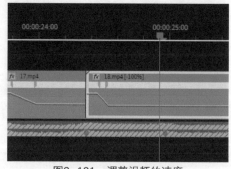

图9-121　调整视频的速度

↘ 9.3.3　添加转场效果

下面为旅拍Vlog中的视频添加转场效果，包括制作蒙版缩放转场效果、制作前景遮罩转场效果、制作定格抠像转场效果，使视频的转场富有创意。

1．制作蒙版缩放转场效果

利用"蒙版扩展"功能可以制作局部到整体的扩展转场效果，在切换镜头时先出现下一个镜头画面的主体部分，再逐渐扩展到完整的画面，具体操作方法如下。

步骤 01 在时间轴面板中可以看到"02"视频剪辑与"01"视频剪辑有重叠部分，在此使用"02"视频剪辑中的重叠部分制作蒙版缩放转场，用右键单击"02"视频剪辑，选择"嵌套"命令，在弹出的对话框中输入嵌套序列的名称，然后单击"确定"按钮，如图9-122所示。

步骤 02 在"效果控件"面板的"不透明度"效果中单击"创建椭圆形蒙版"按钮，如图9-123所示。

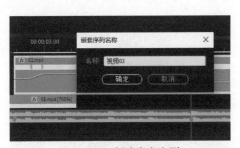

图9-122　创建嵌套序列

图9-123　单击"创建椭圆形蒙版"按钮

步骤 03 在"节目"面板中拖动蒙版路径上的控制点调整蒙版路径，拖动蒙版内部调整蒙版的位置，如图9-124所示。

步骤 04 在"效果控件"面板中设置"蒙版羽化"参数为200.0，启用"蒙版扩展"动画，添加4个关键帧，设置"蒙版扩展"参数分别为-390.0，0.0，0.0，1000.0，其中设置"蒙版扩展"参数为-390.0的示意图如图9-125所示。

图9-124　调整蒙版路径

图9-125　设置"蒙版扩展"参数为-390.0

211

步骤05 在"节目"面板中预览蒙版缩放转场效果，如图9-126所示。

步骤06 在时间轴面板中将时间线定位到"03"视频剪辑的最后一帧，然后在"节目"面板中单击"导出帧"按钮 ，在弹出的对话框中单击"浏览"按钮，选择图片保存位置，选中"导入到项目中"复选框，单击"确定"按钮，如图9-127所示。

图9-126 预览蒙版缩放转场效果

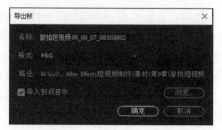

图9-127 "导出帧"对话框

步骤07 将导出的图片从"项目"面板拖至"03"视频剪辑的右侧，并修剪图片的长度，如图9-128所示。

步骤08 采用同样的方法，使用钢笔工具在图片素材中创建蒙版路径，如图9-129所示。

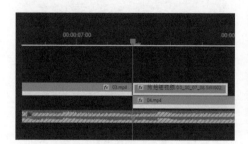

图9-128 添加并修剪图片素材

图9-129 创建蒙版路径

步骤09 在"效果控件"面板中设置"蒙版羽化"为50.0，启用"蒙版扩展"动画，添加两个关键帧，设置"蒙版扩展"参数分别为-260.0、0.0，其中设置"蒙版扩展"参数为-260.0的示意图如图9-130所示。

步骤10 在"节目"面板中预览蒙版动画，如图9-131所示。

图9-130 设置"蒙版扩展"参数为-260.0

图9-131 预览蒙版动画

步骤⑪ 在时间轴面板中用鼠标右键单击图片素材，在弹出的快捷菜单中选择"嵌套"命令，设置名称为"视频03转场"，然后单击"确定"按钮，如图9-132所示。

步骤⑫ 在"节目"面板中双击视频画面，拖动锚点调整其位置，如图9-133所示。

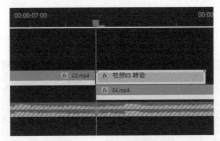

图9-132　创建嵌套序列

图9-133　调整锚点位置

步骤⑬ 在"效果控件"面板的"运动"效果中启用"缩放"动画，添加两个关键帧，设置"缩放"参数分别为100.0，370.0，其中设置"缩放"参数为370.0的示意图如图9-134所示。

步骤⑭ 在"节目"面板中预览蒙版缩放转场效果，如图9-135所示。

图9-134　设置"缩放"参数为370.0

图9-135　预览蒙版缩放转场效果

2. 制作前景遮罩转场效果

利用画面前景中的人或物设置蒙版遮罩，制作两个镜头之间的遮罩转场，具体操作方法如下。

步骤① 在时间轴面板中将时间线定位到"07"视频中要进行蒙版遮罩转场的位置，按【Ctrl+K】组合键分割视频，如图9-136所示。

步骤② 将时间线右侧的视频进行嵌套，设置序列名称为"视频07转场"，如图9-137所示。

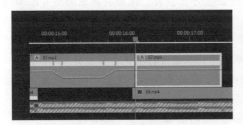

图9-136　分割视频

图9-137　创建嵌套序列

步骤 03 在"效果控件"面板的"不透明度"效果中单击钢笔工具，创建蒙版，启用"蒙版路径"动画，并选中"已反转"复选框，如图9-138所示。

步骤 04 双击"节目"面板将其最大化，使用钢笔工具绘制蒙版路径，并逐帧调整蒙版路径，制作蒙版遮罩转场效果，如图9-139所示。

图9-138 创建并设置蒙版

图9-139 绘制蒙版路径

步骤 05 采用同样的方法，分割"08"视频，将要制作转场效果的部分移到"09"视频剪辑的上层轨道，然后使用钢笔工具制作蒙版遮罩转场，如图9-140所示。

步骤 06 在"节目"面板中预览"08"和"09"视频之间的转场效果，如图9-141所示。

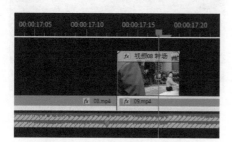

图9-140 制作蒙版遮罩转场

图9-141 预览前景遮罩转场效果

3. 制作定格抠像转场效果

使用蒙版功能制作定格抠像转场效果，在切换镜头时，下一镜头中的主体对象以定格的方式出现在上一镜头中，然后转入下一镜头，具体操作方法如下。

步骤 01 在时间轴面板中将时间线定位到"19"视频剪辑的第1帧，如图9-142所示。

步骤 02 在"节目"面板中单击"导出帧"按钮导出图片，然后将导出的图片添加到V2轨道上并修剪图片素材，如图9-143所示。

步骤 03 在"效果控件"面板的"不透明度"效果中单击钢笔工具，如图9-144所示。

步骤 04 在"节目"面板中使用钢笔工具对画面中的雕像进行抠像，如图9-145所示。

步骤 05 在"效果控件"面板中设置"蒙版羽化"参数为30.0，设置"蒙版扩展"参数为-20.0，如图9-146所示。

步骤 06 在"节目"面板中预览蒙版效果，如图9-147所示。

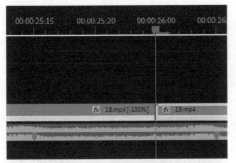

图9-142 定位时间线位置

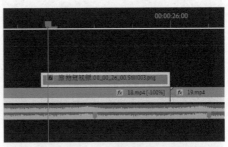

图9-143 添加并修剪图片素材

图9-144 单击钢笔工具

图9-145 使用钢笔工具进行抠像

图9-146 设置蒙版效果参数

图9-147 预览蒙版效果

步骤 07 在"效果控件"面板的"运动"效果中启用"位置"动画，添加两个关键帧，设置y坐标参数分别为-540.0，540，然后调整关键帧的贝塞尔曲线，其中设置y坐标参数为-540.0的示意图如图9-148所示。

步骤 08 在"项目"面板中双击"烟雾素材"视频素材，在"源"面板中标记入点和出点，如图9-149所示。

步骤 09 下面为抠像转场添加动态素材，使画面效果更加精致。在时间轴面板中将图片素材移至V3轨道，将"烟雾素材"拖至V2轨道，然后用右键单击"烟雾素材"，在弹出的快捷菜单中选择"缩放为帧大小"命令，如图9-150所示。

步骤 10 在"效果控件"面板的"运动"效果中设置"烟雾素材"的位置，在"不透明度"效果中设置"混合模式"为"滤色"，如图9-151所示。

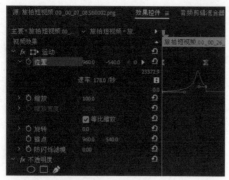

图9-148　设置y坐标参数为-540.0

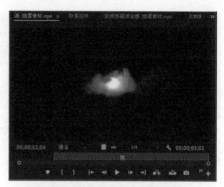

图9-149　标记入点和出点

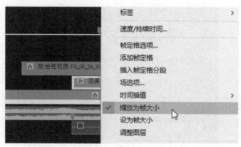

图9-150　选择"缩放为帧大小"命令

图9-151　设置位置和混合模式

步骤⑪ 在"节目"面板中预览烟雾素材的应用效果，如图9-152所示。

步骤⑫ 在时间轴面板中取消"烟雾素材"视频与音频的链接，然后选中"烟雾素材"中的音频素材，多次按【Alt+←】组合键向左移动，将音频的开始位置移到抠像动画结束的位置，如图9-153所示。

图9-152　预览烟雾素材的应用效果

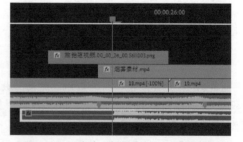

图9-153　移动"烟雾素材"的音频位置

↘ 9.3.4　修复视频画面抖动

使用Premiere中的"变形稳定器"效果可以修复画面抖动的视频，消除因拍摄设备移动而造成的画面抖动，使视频画面变得稳定、流畅。使用"变形稳定器"效果修复画面抖动的具体操作方法如下。

步骤① 在"项目"面板中将视频画面抖动严重的"05"视频素材拖至"新建项"按钮

上，如图9-154所示。

步骤 02 此时即可创建"05"序列，选中"05"视频素材，如图9-155所示。

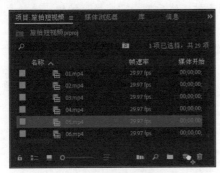

图9-154 新建序列

图9-155 选中"05"视频素材

步骤 03 在"效果"面板中搜索"稳定"，然后双击"变形稳定器"效果，即可添加该效果，如图9-156所示。

步骤 04 此时，在视频画面上将显示"在后台分析"字样，等待程序分析完成，在"效果控件"面板的"变形稳定器"效果中可以查看分析的剩余时间，如图9-157所示。

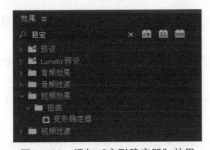

图9-156 添加"变形稳定器"效果

图9-157 查看分析的剩余时间

步骤 05 分析完成后，设置"平滑度"为100%，如图9-158所示。

步骤 06 按【Ctrl+M】组合键打开"导出设置"对话框，设置输出名称，如图9-159所示，然后单击"确定"按钮，导出稳定后的视频素材。

图9-158 设置"平滑度"

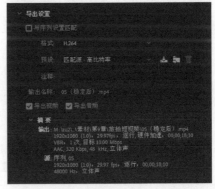

图9-159 导出稳定后的视频素材

步骤 ⑦ 在"项目"面板中用鼠标右键单击"05"视频素材，在弹出的快捷菜单中选择"替换素材"命令，如图9-160所示。

步骤 ⑧ 在弹出的对话框中选择稳定后的视频素材，然后单击"选择"按钮，进行素材的替换，如图9-161所示。

图9-160　选择"替换素材"命令　　　　图9-161　替换视频素材

9.3.5　调整短视频声音

对旅拍Vlog中的声音进行调整，包括调整背景音乐音量、添加音效素材、调整音效音量等，具体操作方法如下。

步骤 ① 在时间轴面板中选中背景音乐，打开"基本声音"面板，单击"音乐"按钮，如图9-162所示。

步骤 ② 在"响度"选项中单击"自动匹配"按钮，即可将背景音乐的音量调整为平均标准响度，如图9-163所示。

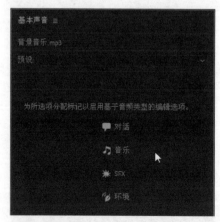

图9-162　单击"音乐"按钮　　　　图9-163　单击"自动匹配"按钮

步骤 ③ 在"项目"面板中双击"音频素材"视频素材，在"源"面板中单击"仅拖动音频"按钮，切换到素材的音频轨道，标记要使用音效的入点和出点，如图9-164所示。

步骤 **04** 拖动"仅拖动音频"按钮 ✛✛✛ 到A2轨道上，并将转场音效移到视频剪辑的转场位置，如图9-165所示。

图9-164 标记要使用音效的入点和出点

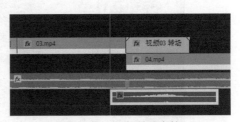

图9-165 添加转场音效

步骤 **05** 在时间轴面板中播放"烟雾素材"所对应的音频，在"音频仪表"面板中可以看出音量过高，如图9-166所示。

步骤 **06** 在时间轴面板A2轨道头部双击展开轨道，在音频素材上要调整音量的位置添加关键帧，然后在该关键帧的两侧分别添加一个关键帧，向下拖动中间的关键帧降低音量，如图9-167所示。

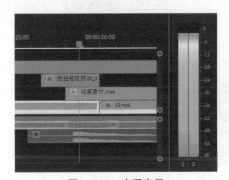

图9-166 查看音量

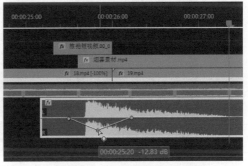

图9-167 使用关键帧降低音量

↘ 9.3.6 短视频调色

旅拍Vlog剪辑完成后，最后对视频剪辑进行颜色校正，并添加风格化的色彩效果，具体操作方法如下。

步骤 **01** 在时间轴面板中将时间线定位到"13"剪辑中，打开"Lumetri颜色"面板，在"基本校正"选项中调整"曝光""高光""阴影""白色""黑色"等参数，进行一级校色，如图9-168所示。采用同样的方法，对各个视频剪辑进行一级校色。

步骤 **02** 将时间线定位到"12"视频中，在"Lumetri颜色"面板中展开"色轮和匹配"选项，单击"比较视图"按钮，如图9-169所示。

步骤 **03** 进入比较视图，可以看到参考画面和当前画面。在参考画面下方拖动滑块，将播放头定位到要参考的位置，在"色轮和匹配"选项中单击"应用匹配"按钮，如图9-170所示。采用同样的方法，使用"色轮和匹配"功能调整其他视频剪辑的颜色。

图9-168 对视频进行一级校色

图9-169 单击"比较视图"按钮

图9-170 单击"应用匹配"按钮

步骤 04 创建调整图层，并将调整图层添加到V4轨道，修剪调整图层的长度，使其覆盖整个序列，如图9-171所示。

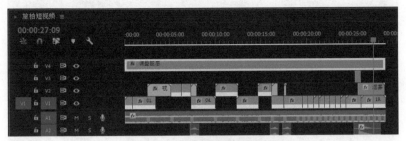

图9-171 修剪调整图层的长度

步骤 05 选中调整图层，在"Lumetri颜色"面板中展开"创意"选项，在"Look"下拉列表中选择要使用的LUT，拖动滑块调整LUT强度，然后在"调整"选项中根据需要调整"淡化胶片""锐化""自然饱和度"等参数，如图9-172所示。调色完成后播放视频，整体预览视频，检查无误后，按【Ctrl+M】组合键导出视频。

图9-172 应用创意LUT

9.3.7 打包工程文件

一个短视频项目制作完成后，要将项目备份或转移到另一台计算机，或对项目中没有用过的文件进行删减，然后对项目文件进行打包，方法如下。

单击"文件"|"项目管理"命令，打开"项目管理器"对话框，在"序列"中选中要备份的序列，在"生成项目"选项中选中"收集文件并复制到新位置"单选按钮，在"选项"选项区中选中"排除未使用剪辑"复选框，单击"浏览"按钮选择保存位置，单击"计算"按钮可以估计生成的项目大小，设置完成后单击"确定"按钮，如图9-173所示。

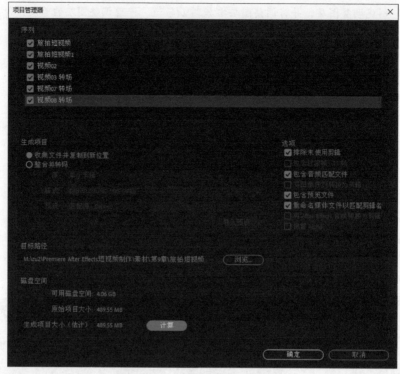

图9-173　"项目管理器"对话框

　　此时，在目标位置将生成一个复制的文件夹，其中包括了项目中用到的所有视频、音频、图片等素材及工程文件等。在制作商业短视频项目时，最好对项目进行打包和整理。

课后习题

1. 在旅拍Vlog后期制作中，主要有哪些典型的剪辑手法？
2. 打开"素材文件\第9章\习题"文件，使用提供的视频素材制作旅拍Vlog。